自支撑银、钴、铜催化剂的可控合成与催化性能研究

刘 冉 著

中国纺织出版社有限公司

内 容 提 要

由于传统化石燃料的过度开采带来的环境污染、气候变化和能源危机，人们已经强烈地意识到，未来的可持续社会必然需要建立在可持续能源的开发和利用的基础上。在这种背景下，直接肼燃料电池（DHFCs）因其独特的优势受到广泛关注。它通过肼在阳极的电氧化反应和氧气在阴极的电还原反应来实现发电。肼电氧化催化剂是 DHFCs 的关键部分，直接影响 DHFCs 的各项性能。本书主要介绍自支撑银、钴、铜催化剂的制备工艺，研究催化材料的催化性能与组成、微观结构、物相结构之间的关联性，揭示肼在银、钴、铜催化剂表面电催化氧化机理。为这类阳极催化剂在燃料电池的广泛应用提供重要的实验依据。

本书可作为高等院校相关专业的本科生和研究生以及从事燃料电池研发的科技工作者的参考用书。

图书在版编目（CIP）数据

自支撑银、钴、铜催化剂的可控合成与催化性能研究 / 刘冉著 . -- 北京 ： 中国纺织出版社有限公司，2025.6.
ISBN 978-7-5229-2801-2

Ⅰ . 0643.36

中国国家版本馆 CIP 数据核字第 2025EX7250 号

责任编辑：范红梅　　责任校对：王花妮　　责任印制：王艳丽

中国纺织出版社有限公司出版发行
地址：北京市朝阳区百子湾东里 A407 号楼　邮政编码：100124
销售电话：010—67004422　传真：010—87155801
http://www.c-textilep.com
中国纺织出版社天猫旗舰店
官方微博 http://weibo.com/2119887771
三河市宏盛印务有限公司印刷　各地新华书店经销
2025 年 6 月第 1 版第 1 次印刷
开本：710×1000　1/16　印张：7.5
字数：110 千字　定价：78.00 元

凡购本书，如有缺页、倒页、脱页，由本社图书营销中心调换

前　言

能源是人类生活不可或缺的物质基石，是推动社会不断向前发展的核心动力。在 20 世纪，全球能源供应主要依赖于化石燃料。人类对化石能源的不合理利用，使得环境污染问题日益严峻，对地球生态系统造成了不容忽视的负面影响。同时由于全球能源危机和二氧化碳（CO_2）排放相关立法的制定，对可持续能源转换技术的需求急剧增加。因此，研发清洁、可持续发展的新型能源技术，已成为当前全球范围内亟待解决的重要问题。在这种背景下，直接肼燃料电池因其独特的优势而备受人们的关注，成为能源领域的研究热点。肼电氧化催化剂是直接肼燃料电池的关键部分，影响直接肼燃料电池的各项性能。因此，开发性能优良的肼氧化电催化剂显得尤为重要。

本书共分为六章。第一章介绍了直接肼燃料电池的发展历史、工作原理及肼氧化电催化剂的研究进展。第二章简要介绍了电极材料的表征手段和电化学性能测试手段。第三至第六章介绍了银、钴、铜催化剂的制备工艺、催化性能以及催化作用机理。可作为高等院校相关专业的本科生和研究生以及从事燃料电池研发的科技工作者的参考用书。

本书为哈尔滨学院刘冉所著，在撰写过程中，笔者广泛参考了国内外关于直接肼燃料电池领域的诸多专著及研究文献，在此深表感激。同时感谢黑龙江省自然科学基金项目（LH2022B015）的资助。

由于笔者学识和能力有限，书中疏漏和错误之处，敬请读者批评指正，笔者在此表示由衷感谢。

刘　冉

2025 年 2 月

目 录

第一章 直接肼燃料电池概述 ··· 1

    第一节 肼燃料的介绍 ··· 1

    第二节 直接肼燃料电池的发展历史 ······································· 2

    第三节 直接肼燃料电池的优点及工作原理 ································· 4

    第四节 肼氧化电催化剂的研究进展 ······································· 6

第二章 催化剂的表征及电化学性能测试 ····································· 40

    第一节 催化电极的表征方法 ·· 40

    第二节 电化学性能测试 ·· 41

第三章 钛片负载多孔银膜电极用作肼氧化电催化剂 ·························· 43

    第一节 钛片负载多孔银膜电极的制备 ···································· 44

    第二节 钛片负载多孔银膜电极的物相表征 ································ 45

    第三节 电化学性能测试 ·· 47

第四章 泡沫镍负载钴电极用作肼氧化电催化剂 ······························ 62

    第一节 泡沫镍负载钴电极的制备 ·· 63

    第二节 电极制备工艺的优化 ·· 64

    第三节 电化学性能测试 ·· 67

第五章 多壁碳纳米管修饰不锈钢纤维毡负载钴电极用作肼氧化电催化剂 ··· 71

    第一节 多壁碳纳米管修饰不锈钢纤维毡负载钴电极的制备 ············· 72

第二节　电极制备工艺的优化 ································· 74

第三节　多壁碳纳米管修饰不锈钢纤维毡负载钴电极的物相表征 ······ 79

第四节　电化学性能测试 ·· 82

第六章　泡沫铜负载铜纳米棒列阵电极用作肼氧化电催化剂 ············· 95

第一节　泡沫铜负载铜纳米棒列阵电极的制备 ····················· 96

第二节　泡沫铜负载铜纳米棒列阵电极的物相表征 ················· 97

第三节　电化学性能测试 ······································· 102

第一章

直接肼燃料电池概述

燃料电池因其较高的能量转换效率，被认为是最有希望取代内燃机的下一代动力源。燃料电池有多种类型，根据电解质和传导离子的不同而有所区别。质子交换膜燃料电池由于电解质为固体，具有较高的质子传导率，在较低的工作温度下仍具有较高的功率密度，适合用作汽车和移动电器的动力源。

由于氢气的高密度存储，特别是车用氢气的高密度存储较为困难，目前主流的存储方式为高压气体。然而，从运行距离来看，使用具有高能量密度和易于处理的液体燃料更为有益。在直接燃料电池系统中，燃料不经过重整直接供应给燃料电池，对车辆和移动电器也有很大的好处。在众多液体燃料中，燃料肼具有独特的优势，直接肼燃料电池受到广泛关注。

第一节 肼燃料的介绍

肼（N_2H_4）是一种重要的发泡剂、推进剂以及火箭燃料，是一个关键的电分析目标物质。同时，肼也是一种重要的能量载体，它可以整合甲醇的高能量密度和氢气的快速动力学。肼分子式见图1-1，它通常作为还原剂用于制备纳/微米材料，在各种实验研究和工业生产中具有广泛的应用。

肼在20世纪60年代作为直接肼燃料电池（DHFCs）的高能量密度燃料引起了人们的关注。由肼氧化反应驱动，肼氧化反应还可以降低水分解所需的电势，帮助产生H_2，而不需要直接存储。

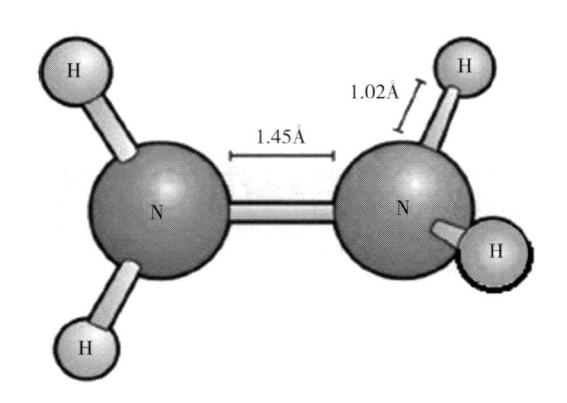

图 1-1 肼分子式

基于以下几个原因，肼燃料是氢的一个有吸引力的替代品。它具有较高的能量密度［5.40kW·h/L，101.325kPa（1atm）］，在6890kPa时是H_2的30倍。它与水完全互溶：水合肼（$N_2H_4·H_2O$）是肼的64%水溶液。虽然水合肼不如无水肼能量密度高（3.24kW·h/L），但它是液体（不需要气体压缩），不再具有爆炸性。水合肼仍然具有高毒性和腐蚀性，与汽油一样具有致癌性。为了提高安全性，人们提出了固体肼衍生物，它可以在与电解质溶液接触时转化为水合肼。

第二节 直接肼燃料电池的发展历史

以肼作为燃料的直接肼燃料电池的发展历史可以追溯到20世纪60年代，当时肼用于一种使用液态碱性电解质的碱性燃料电池。然而，由于N_2H_4在常温下会挥发，且具有毒性和致突变性，以及当时膜技术尚未成熟，DHFCs的发展一度面临挑战。1972年成功研制肼—空气燃料电池驱动的电动汽车，并进行了驾驶实验，标志着直接肼燃料电池技术重要里程碑。

21世纪初，质子交换膜燃料电池（PEMFC）取得了显著的进步，并成功进入试验和演示阶段，其迅猛的发展势头也进一步推动了DHFCs的技术进步。2003年，Yasuda等人首次证明了使用Nafion®膜运行直接肼燃料电池是可能的。

该课题组指出在以质子交换膜（PEM）为电解质的直接液体燃料电池中，肼比甲醇产生更高的电池电压。当使用具有低表面积的 Pt 黑作为阳极催化剂时，在低电流密度区获得了超过 1V 的高电压。通过增加用作阳极电催化剂的 Pt 黑的比表面积，肼催化分解的催化活性往往比电氧化反应更占优势。开路电压由于氢气等分解产物的影响而降低。该课题组还指出尽管 DHFCs 的性能仍存在一定的上升空间，但有望向实用化的新型燃料电池发展。降低肼在膜中的渗透对提高 DHFCs 的性能具有重要意义。Nafion® 等阳离子交换膜由于具有较高的离子传导率和耐久性，目前被广泛应用于 PEMFC 中。然而，阳离子交换膜（CEM）并不总是适用于 DHFCs 中的电解质膜，因为燃料肼是碱性液体，通过离子交换肼阳离子容易渗透到阳离子交换膜中。这种现象被认为是引起内阻增加的原因。因此，开发具有低肼渗透性能的阴离子交换膜是解决这一问题的方法之一。

由于肼是碱性液体，使用阴离子交换膜（AEM）作为电解质有望成为提高电池性能的有效方法。2003 年，Yasuda 等人采用化学镀法制备了含 AEM 的膜电极组装。实验结果表明，与阳离子交换膜（CEM）相比，肼在 AEM 中几乎没有渗透，随着电流密度的增加，CEM 更倾向于渗透肼。使用 AEM 时的肼燃料电池性能远优于使用 CEM 时的性能。如果开发出 AEM 的聚合物溶液，AEM 有望成为合适的聚合物电解质膜。

Yamada 等人比较了镍、钴和铂作为阳极催化剂的阴离子交换膜燃料电池的功率密度，同时考察了燃料中肼和 KOH 浓度对燃料电池性能的影响。实验结果表明，在以肼为燃料的碱性阴离子交换膜燃料电池中，Ni 和 Co 作为阳极催化剂时的功率密度高于 Pt 作为阳极催化剂时的功率密度。当肼浓度从 1mol/L 增加到 4mol/L 时导致反应活性增加。然而，由于离子电导率的降低，过量的肼会对电池性能产生不利影响。KOH 的加入可以显著提高电池性能。在没有 KOH 的条件下，肼主要以肼根离子 $N_2H_5^+$ 的形式存在。低开路电位可归因于电极的碱性阴离子交换树脂的反作用抑制了肼离子进入催化层。

此外，在设计完整系统时应考虑肼的高毒性和致突变性，以防止人与燃料的任何接触。为了处理肼的致突变性，研究了一种解毒技术，即在聚合物中的肼上分别取代羰基（〉C=O）或酰胺（—CO—NH₂）基团，形成腙（〉C=N—NH₂）或酰肼（—CO—NH—NH₂）。当需要时，可以使月溶剂再次释放肼。

随着时间的推移，人们对 DHFCs 的研究逐渐深入，特别是在阳极催化剂的开发上取得了显著进展。总体而言，直接肼燃料电池作为一种新兴的能源转换技术，其研究和应用正在逐步推进，未来有望在全球能源市场中占据一席之地。

第三节 直接肼燃料电池的优点及工作原理

一、直接肼燃料电池的优点

燃料电池的种类非常多，其中直接肼燃料电池具有较多的优点，受到人们关注。直接肼燃料电池通过肼在阳极的电氧化反应和氧气在阴极的电还原反应来实现发电。与其他液体燃料电池相比，肼燃料电池有下列优点：

（1）直接肼燃料电池的能量密度可达 5.4kW·h/L，与氢燃料电池相当，适合用作便携式设备和交通工具动力源。

（2）直接肼燃料电池的理论电池电压可达 1.56V（vs. SHE），大于近环境温度（40~80℃）时的氢—空气燃料电池的理论电池电压。

（3）肼分子只有氮和氢原子，不存在碳原子。肼电氧化过程中，不会导致温室气体 CO_2 的释放，产物（氮气和水）对环境友好且无害。所以，可以实现相当于纯氢燃料的完美零排放。

（4）对于直接醇类燃料电池，在阳极发生氧化时，会产生中间产物 CO，CO 会吸附在催化剂表面，使催化剂中毒，引起电池电压下降以及催化剂的利用率下降。而对于直接肼燃料电池，肼电氧化过程中避免了一氧化碳的产生。

肼作为一种燃料，在液体燃料电池和其他能源转换技术中有着广阔的应用前景,但需要综合考虑其安全性、环境影响和经济效益。随着技术的进步和可持续发展需求的增加,肼的应用潜力得到了进一步的探索和开发。直接肼燃料电池能够在接近常温条件下工作,这是它能够实现大规模商业化和实用化的重要前提。经过一系列探索后发现了一些非贵金属可以作为肼氧化反应催化剂,并通过研究发现一些非贵金属的电催化性能甚至优于贵金属。非贵金属的使用大幅降低了直接肼燃料电池性能。

二、直接肼燃料电池的工作原理

直接肼燃料电池通过肼在阳极的电氧化反应和氧气在阴极的电还原反应来实现发电(图1-2)。在阳极,N_2H_4 与 OH^- 发生氧化反应生成氮气和水,并释放出 e^-。阴极上的 O_2 与水以及从外部电路移动过来的电子相结合形成 OH^-。其电极与电池反应过程如下:

阳极: $N_2H_4 + 4OH^- \longrightarrow N_2 + 4H_2O + 4e$ $E^0 = -1.16V$(vs.SHE) (1-1)

阴极: $O_2 + 2H_2O + 3e \longrightarrow 4OH^-$ $E^0 = 0.4V$(vs. SHE) (1-2)

总反应: $N_2H_4 + O_2 \longrightarrow 2H_2O + N_2$ $E^0 = 1.56V$ (1-3)

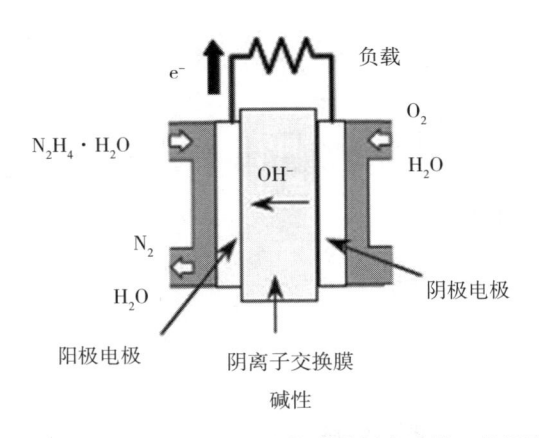

图 1-2 碱性阴离子交换膜燃料电池的工作原理

肼发生完全氧化时［式（1-1）］，肼的电化学氧化反应是一个4电子反应。而在实际电池中，肼氧化的电子转移数可能低于4，其可能存在的电化学氧化反应还包括：

4e 反应： $N_2H_4+4OH^- \longrightarrow N_2+4H_2O+4e$ （1-4）

3e 反应： $N_2H_4+3OH^- \longrightarrow N_2+1/2H_2+3H_2O+3e$ （1-5）

2e 反应： $N_2H_4+2OH^- \longrightarrow N_2+H_2+2H_2O+2e^-$ （1-6）

1e 反应（一）： $N_2H_4+OH^- \longrightarrow N_2+3/2H_2+H_2O+e$ （1-7）

1e 反应（二）： $N_2H_4+OH^- \longrightarrow 1/2N_2+NH_3+H_2O+e$ （1-8）

肼燃料会在阳极催化剂上发生自分解［式（1-9）］、［式（1-10）］生成氮气和氨气，降低燃料的利用率。

$$N_2H_4 \rightarrow N_2+2H_2 \quad (1-9)$$

$$3N_2H_4 \rightarrow 4NH_3+N_2 \quad (1-10)$$

第四节 肼氧化电催化剂的研究进展

DHFCs 显著的优点预示着它是一种具有潜在应用前景的新型燃料电池，但是肼在阳极的电氧化反应是动力学的缓慢过程，需要在较高的过电位下进行，导致较低的电压效率。因此，设计合成能够使肼在阳极高效反应的催化剂是提升 DHFCs 性能的关键。

目前，铂基、钯基、金基、银基、铑基催化剂等贵金属催化剂对肼氧化反应表现出良好的催化活性和稳定性。

一、贵金属基催化剂

（一）铂基催化剂

铂（Pt）基纳米催化剂在催化领域广受关注。但是，Pt 的高成本和稀缺性严重限制了其潜在的商业化。合理地将 Pt 与其他金属进行合金化，可以有效地降低成本，提高催化活性和稳定性。有学者采用共还原湿化学法，以氢气泡为动态模板，在不添加任何添加剂、有机溶剂的情况下，制备了结构良好、表面清洁的 $Pt_{53}Ru_{39}Ni_8$ 纳米材料，并阐释了 $Pt_{53}Ru_{39}Ni_8$ 的形成机理。当将新制备的 $NaBH_4$ 溶液快速倒入反应介质中时，金属前驱体（$PtCl_6^{2-}$、Ru^{3+} 和 Ni^{2+}）立即还原为金属 Pt、Ru 和 Ni 原子，这些原子迅速聚集在一起形成金属核。同时，通过 $NaBH_4$ 在体系中的水解和氧化，原位生成了无数细小的氢气泡，紧紧地包裹着新形成的原子核。结果，原子核被锚定并生长在氢气泡之间的空隙中。氢气泡消失后，通过自聚集、表面附着和自组装形成多级海绵状结构（图 1-3）。该课题组将制备的 $Pt_{53}Ru_{39}Ni_8$ 纳米材料与实验室自制 PtNi 纳米粒子、RuNi 纳米粒子和 PtRu 黑对比，发现 $Pt_{53}Ru_{39}Ni_8$ 对肼氧化反应具有显著优越的催化性能。

图 1-3　$Pt_{53}Ru_{39}Ni_8$ 的高倍率扫描电镜图

将 Pt 催化剂制备成核壳结构是降低 Pt 催化剂价格、保证 Pt 催化剂催化性能的最可行、最有效的途径之一。同时，杂原子（即 N、P 或 S）的引入不仅很好地调节了催化剂的结构和电子变化，而且大幅提高了催化剂的电催化活性和稳定性。有学者合成一系列磷化的伪核壳 Ni@Pt/C 催化剂。首先利用多元醇还原法制备 Ni/C 前驱体，然后通过添加一定量 Pt^{4+} 至 Ni/C 分散液中，在 Pt^{4+} 和 Ni 之间发生置换反应，得到一个由 Ni 作为内核，Pt 作为外壳组成的 Ni@Pt。最后，通过次磷酸钠煅烧，制备了磷改性的伪核壳结构 Ni@Pt-P/C 电催化剂。这种独特的核壳结构将极大地减少贵金属的使用量，同时提高电催化剂的性能。在所有 Ni@

Pt-P/C 电催化剂中，Ni@Pt-P/C-400 电催化剂表现出最高的催化肼电氧化性能（515mA/mgPt），最好的稳定性和耐久性，以及最低的活化能（12.60kJ/mol）。Ni@Pt-P/C-400 具有的良好催化肼电氧化性能主要得益于核壳结构独特的磷化效果设计，使 Ni、P 和 Pt 之间产生了良好的协同效应。该课题组的工作为今后开发其他低 Pt 催化剂奠定了基础。

（二）钯基催化剂

钯（Pd）基纳米催化剂由于其相对较低的成本和相当的催化活性，是 Pt 基催化剂的良好替代品。由于金（Au）和 Pd 之间的协同效应，AuPd 纳米催化剂显示出优良的电催化性能。尽管如此，合理构建新型双金属 AuPd 结构仍然存在许多挑战。有学者采用 3-氨基吡嗪-2-羧酸（Apzc）为保护剂，开发了一种简单的一锅连续共还原法制备双金属 AuPd 树枝状合金纳米晶（AuPd DANCs）。产物具有明确的多孔树枝状纳米结构，表面粗糙，含有许多微小颗粒。粒径主要分布在 35~60nm，平均粒径为 49nm（图 1-4）。与 AuPd 纳米晶（AuPd NCs）、Pd 纳米晶（Pd NCs）和商业 Pd 黑催化剂相比，所制备的 AuPd DANCs 表现出更优良的催化活性和更好的稳定性。

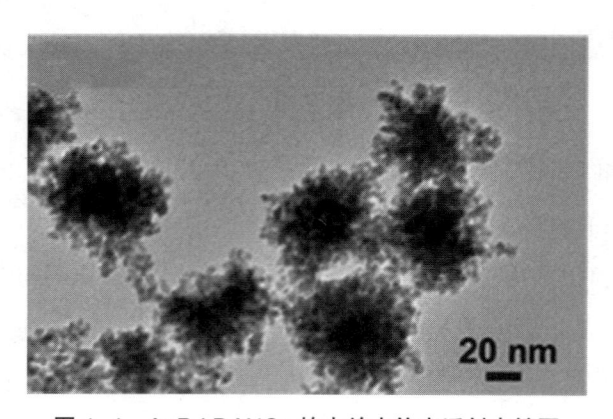

图 1-4 AuPd DANCs 的中放大倍率透射电镜图

另有学者通过模板电沉积和随后的电置换，将超低含量的 Pd 与镍（Ni）结合，形成一体化的 Ni@Pd-Ni 合金纳米线阵列电催化剂。利用多种表征手段对催化剂的形貌、晶体结构和组成进行了表征。从扫描电镜图（图 1-5）可看出，纳米线直接生长在 Ni 基底上，纳米线表面并不光滑，而是布满了纱布状和虫状的物质。这种粗糙的表面可能是由 Ni 与用于水解和溶解聚碳酸酯模板的加热的 KOH 溶液之间的相互作用引起的。Ni@Pd-Ni 合金纳米线列阵的形貌与 Ni 纳米线列阵电极相似，但每个纳米线簇之间存在明显的间隙。此外，原电池置换反应也会导致每根纳米线周围出现颗粒状物质。肼在 Ni@Pd-Ni 合金纳米线阵列上电氧化的起始电位为 -0.99 V（vs.Ag/AgCl），比 Ni 纳米线阵列显著降低了 800mV。这充分说明肼在 Ni@Pd-Ni 上比在 Ni 上更容易电氧化。在 PdH_x 上发生 Ni 的金属化以及 Pd-Ni 促进肼化学自分解产生氢气，这两种作用显著提高了 Ni@Pd-Ni 的催化肼电氧化性能。此外，这种新颖的结构还赋予了 Ni@Pd-Ni 合金纳米线阵列可观的耐久性，表明它是一种很有前途的直接肼燃料电池阳极电催化剂。

图 1-5 Ni 纳米线列阵（a~c）和 Ni@Pd-Ni 合金纳米线列阵（d~f）的扫描电镜图

（三）金基催化剂

高指数晶面 Au 纳米晶在电催化肼氧化反应中可作为一种高效催化剂。有学者通过理论计算证明，Au（551）表面比 Au（111）表面对肼氧化反应具有更低的过电位，且 Au（551）表面的台阶原子是增强肼氧化反应的高活性位点。所

制备的由 {551} 高指数晶面（HIFs）围成的凹面三八面体 Au 纳米晶体（TOH Au NCs）在碱性和酸性条件下均表现出优异的催化肼电氧化性能。凹面 TOH Au NCs 在 0.1mol/L $HClO_4$ + 10mmol/L N_2H_4 和 0.1mol/L NaOH + 10mmol/L N_2H_4 中对肼氧化反应具有非常高的活性，电流密度分别为 272.3mA/cm^2（质量活性 1472.6mA/mg）和 329.5mA/cm^2（质量活性 1785.9mA/mg）。

与合金催化剂相比，不同元素组成的核壳纳米颗粒，由于其独特而新颖的电学和催化性能，被认为是低成本阳极电催化剂的潜在候选者。Abdolmaleki 等人通过水溶液中的连续还原法制备碳载核—壳 Co@Au，记为 Co@Au/C，并将其用作直接肼—过氧化氢燃料电池阳极催化剂。扫描电镜图（图 1-6）显示 Au/C 和 Co@Au/C 具有均匀的球形形貌且均一的颗粒尺寸。同时可以清晰地观察到 Au/C 和 Co@Au/C 催化剂的直径范围为 20~40nm。可以看到更多的金属纳米颗粒在直径小于 20nm 的 Vulcan XC-72 炭黑表面呈现出非常均匀的分散状态。该课题组系统考察了不同操作条件，包括操作温度、燃料和氧化剂浓度、燃料和氧化剂流量等对燃料电池性能的影响。实验结果表明，可以通过提高操作温度来改善直接肼—过氧化氢燃料电池的性能。例如，在 60℃时，直接肼—过氧化氢燃料电池在

图 1-6　Au/C 和 Co@Au/C 的扫描电镜图

2.0mol/L N_2H_4 和 2.0mol/L H_2O_2 中运行时，在 128mW/cm² 和 0.959V 时，开路电压约为 1.79V，峰值功率密度为 122.75mW/cm²。阳极和阴极溶液对电池电压和电池性能都有显著影响。燃料和氧化剂溶液流量对电池性能的影响较小，数据表明低流量尤其适用于阳极溶液。肼—过氧化氢燃料电池在长达 100h 左右的时间内，电池电压几乎没有衰减，保持了较为稳定的性能。总体来说，所有的结果表明 Co@Au/C 是一种很有前途的阳极材料。

（四）银基催化剂

有学者通过 H_2 气体模板电沉积和随后的置换反应，成功制备出泡沫镍表面包覆 Ag-Ni 双金属电极（记为 Ni foam@Ag-Ni）。通过研究发现，电沉积时间为 1.5min 时得到的 Ni foam@Ni（用 Ni 包覆泡沫镍）具有最大的质量比表面积，置换时间为 8min 时得到的 Ni foam@Ag-Ni 对肼氧化反应具有最佳的催化活性。通过材料表征揭示了 Ni foam@Ag-Ni 中 Ag-Ni 合金的形成、多级孔结构的存在、较大的表面金属 Ni 含量和较低的 Ag 质量负载量。电化学测试表明（图 1-7），优化后的 Ni foam@Ag-Ni 电极具有最低的肼氧化起始电位，比 Ni foam 负移了 260mV，比 Ni foam@Ni 负移了 220mV，比 Ni foam@Ag 负移了 60mV。此外，在 1.0mol/L

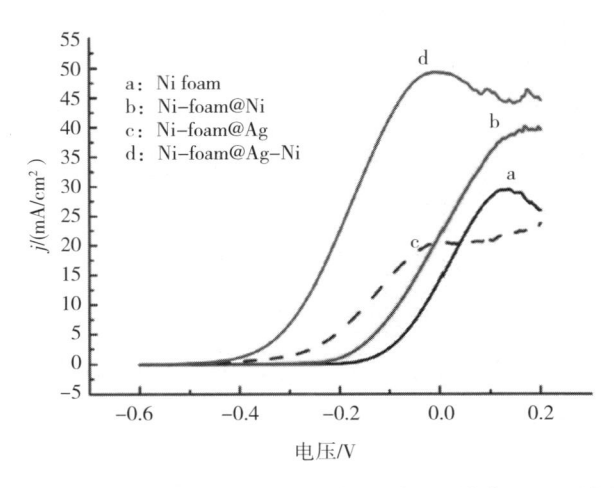

图 1-7　Ni foam、Ni foam@Ni、Ni foam@Ag、Ni foam@Ag-Ni 在 1.0 mol/L KOH + 0.025mol/L N_2H_4 中的线性扫描曲线

KOH 和 25mmol/L N_2H_4 溶液中，在 –0.05V（vs.Ag/AgCl）电位下 Ni foam@Ag–Ni 表现出最高的电流密度，其数值是 Ni foam、Ni foam@Ni 和 Ni foam@Ag 的 2 倍以上。

（五）铑基催化剂

铑（Rh）作为 Pt 族金属中的一员，因其具有与 Pt 相似的物理化学性质而受到广泛关注。鉴于贵金属 Rh 的高昂价格和稀缺性，寻找提高其催化活性和原子利用效率的材料优化策略受到更多关注。有学者通过在氨气气氛中直接退火亚稳三方晶系氧化铑前驱体，制备了含氮的面心立方相铑（N-fcc-Rh）纳米片。得益于丰富的活性位点和独特的电子结构性能，性能最优的 N-fcc-Rh-300 电催化剂在 1.0mol/L KOH+0.5mol/L N_2H_4 中，在电流密度为 10mA/cm^2 时实现了相当低的工作电势 [–81mV（vs.RHE）]。密度泛函理论计算表明 N 元素在 N-fcc-Rh 电催化剂能够降低肼氧化过程中从 *NH_2NH_2 到 *$NHNH_2$ 的决速步骤的形成能。

Hosseini 等人采用电还原和电镀相结合的方法合成了 Ru_1–Ni_3/rGO/NF 催化剂，并将其作为直接肼燃料电池的无黏结剂阳极电催化剂。该课题组利用多种表征手法证实了 Ru_1–Ni_3/rGO/NF 被成功合成。同时，利用电化学实验测试几个样品催化肼电氧化性能（图 1-8）。结果显示，NF 和 rGO/NF 的催化活性最低。相比之下，Ru_1–Ni_3/NF 和 Ru_1–Ni_3/rGO/NF 电极在 0.4V 电位下，肼氧化电流密度分别为 28mA/cm^2 和 34mA/cm^2。实际上，在 Ru_1–Ni_3/rGO/NF 电催化剂中，由于还原氧化石墨烯（rGO）的存在，有很多地方可供 Ru-Ni 催化剂中的活性物质安放。Ru_1–Ni_3/rGO/NF 电极上肼氧化电流密度和电化学活性面积（EASA）高于 Ru_1–Ni_3/NF，这是由于催化剂的形貌不同造成的。这些结果表明，引入 rGO 是一种有效的方法，可以极大地增加电极的比表面积。Ru_1–Ni_3/rGO/NF 电极具有优异的结构稳定性、易于合成、低成本和高催化性能等优点，有望作为直接肼—过氧化氢燃料电池阳极电催化剂。

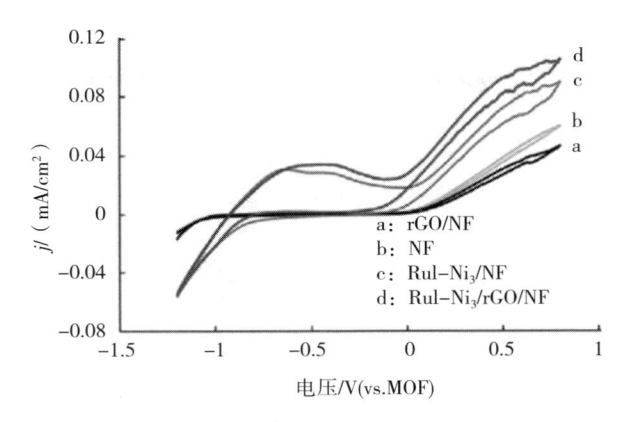

图 1-8　NF、rGO/NF、Ru_1-Ni_3/NF 和 Ru_1-Ni_3/rGO/NF 电极在 1.0mol/L NaOH + 0.06mol/L N_2H_4 中循环伏安曲线（扫速为 20mV/s）

二、非贵金属基催化剂

近年来，肼氧化电催化剂得到了广泛的研究。铂、钯、金、银等贵金属催化剂对肼氧化反应表现出良好的催化活性和稳定性，但其高成本和稀缺性阻碍了直接肼—空气燃料电池的发展。因此，寻找高效稳定的非贵金属催化剂成为研究热点。

（一）镍基催化剂

在非贵金属过渡金属中，Ni 具有较高的催化肼电氧化活性，但其持久性相对较低，且纯 Ni 难以作为催化剂使用。Ni 的天然活性可以通过与其他金属或非金属混合形成化合物来提高。

有学者开发了一种简单的液—液界面反应合成 Ni_xCo_y 合金绒球的方法，该绒球由超薄纳米片在界面力的驱动下组装而成。图 1-9 为 Ni_3Co_1、Ni_1Co_1、Ni_1Co_3、Ni_1Co、Ni、Co 电极在 1.0mol/L KOH + 0.1mol/L N_2H_4 中循环伏安曲线，扫描速度为 20mV/s。由图可知，所制备的一系列 Ni_xCo_y 合金绒球可以作为有效的肼电氧化催化剂，Ni_xCo_y 二元合金催化剂展示出比 Ni 和 Co 催化剂更高的氧化峰电流和更低的起始电位。当 Ni∶Co 原子比为 1∶3 时，Ni_1Co_3 对肼电氧化的催化性能最佳。总体来说，Ni_1Co_3 绒球是一种很有前途的直接肼燃料电池的阳极催化剂。

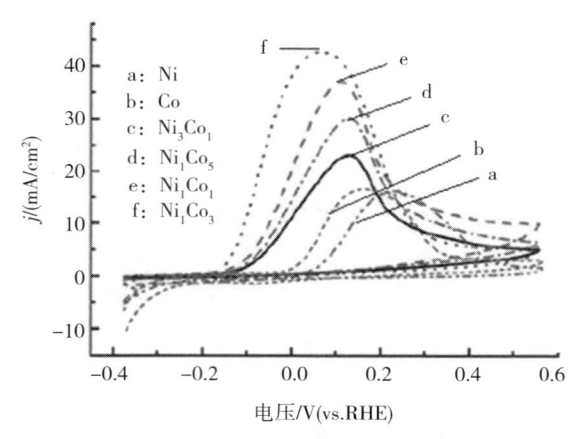

图 1-9 Ni_3Co_1、Ni_1Co_1、Ni_1Co_3、Ni_1Co、Ni、Co 电极在 1.0mol/L KOH + 0.1mol/L N_2H_4 中循环伏安曲线（扫速为 20mV/s）

　　Fe 是地球上含量最丰富的金属元素之一。由于其 3d 和 4s 电子在能量上比较接近，Fe 具有可变的价态，容易与其他金属发生化学键合形成多元合金。有学者采用水热法结合还原煅烧法制备了泡沫镍支撑的纳米多孔 Ni-Fe 合金。首先，利用水热法在三维多孔泡沫镍（NF）上生长出纳米结构的（Ni、Fe）碳酸酯氢氧化物前驱体。在这个过程中以尿素为沉淀剂，然后将所得样品在 H_2/Ar 气流下煅烧得到目标催化剂。实验表明，Ni/Fe 前驱体比例和焙烧温度是影响 Ni-Fe/NF 催化剂催化活性的关键因素。Ni/Fe 投料比为 1∶2 的前驱体在 400℃下煅烧制备的样品表现出最佳的催化肼电氧化性能。图 1-10 为（Ni、Fe）碳酸酯氢氧化物前驱体（a）和 Ni-Fe 合金（b）的场发射扫描电镜图（FE-SEM）。由图 1-10a 可看出，NF 表面被横向尺寸为几百纳米、厚度为 5~10nm 的纳米片密集覆盖，这些纳米片彼此随机相交形成三维网络结构。由图 1-10b 可看出，在 Ni-Fe 合金中，没有观察到纳米片形貌，取而代之的是具有相互连通的孔隙结构。该课题组测试了 Ni-Fe/NF 催化剂催化肼电氧化活性，图 1-11 为不同电催化剂在 1.0mol/L NaOH + 0.5mol/L N_2H_4 中循环伏安曲线。结果表明 Ni-Fe/NF 展示出比单金属催化剂更显著的催化活性。Ni-Fe/NF 上肼氧化的起始电位为 −0.11V（vs. RHE），在 +0.30V（vs. RHE）时的电流密度为 907mA/cm^2，是 Ni/NF 的 2 倍多。

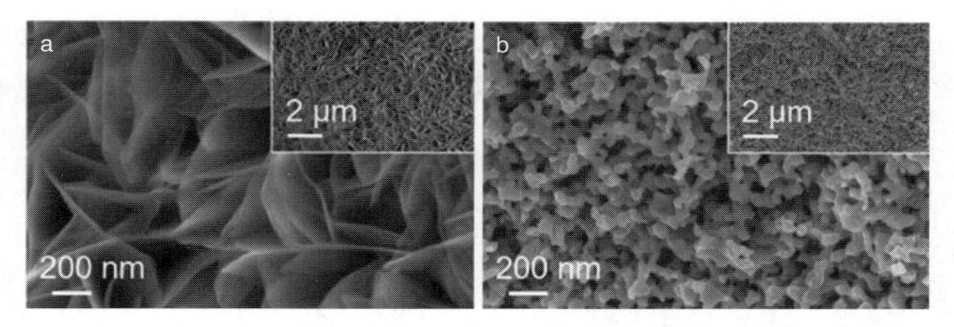

图 1-10 （Ni、Fe）碳酸酯氢氧化物前驱体和 Ni-Fe 合金的场发射扫描电镜图

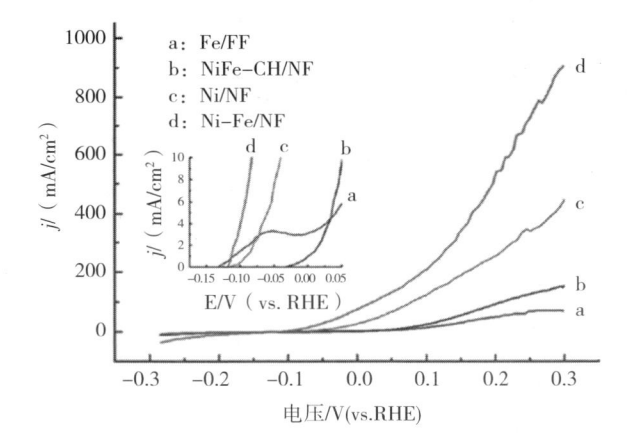

图 1-11 不同电催化剂在 1.0mol/L NaOH + 0.5mol/L N_2H_4 中循环伏安曲线（扫速为 10mV/s）

有学者采用气泡动态模板法在泡沫镍上制备了三维多孔超疏气 Ni-Zn/RGO 催化剂。利用多种电化学测试手段分析了 Ni-Zn/RGO 催化剂的催化性能。图 1-12（a）可看出，Ni-Zn 上肼氧化的起始电位为 -0.098V，在 0.30V（vs. RHE）时的电流密度为 336mA/cm^2。对于 Ni-Zn/RGO，肼氧化起始电位负移至 -0.103V，电流密度在 0.30V 时达到 469mA/cm^2。结果表明，与 Ni-Zn 催化剂相比，多孔 Ni-Zn/RGO 对肼的电催化氧化表现出更高的电催化活性。图 1-12（b）可看出在 5000s 后，肼在 Ni-Zn/RGO 和 Ni-Zn 上电氧化电流仍然能够分别保持初始值的 91.4% 和 83.6%，对完全肼氧化的选择性几乎为 100%，在目前报道的肼氧化电催化剂中处于领先水平。Ni-Zn/RGO 催化性能提高的机理可归因于其活性中

心 Ni 的富电子性、大的电化学表面积、高的导电性，最重要的是与 RGO 结合诱导的超疏气表面及其多孔结构。这一结果为设计和合成高性能的肼电氧化催化剂提供了很好的指导。

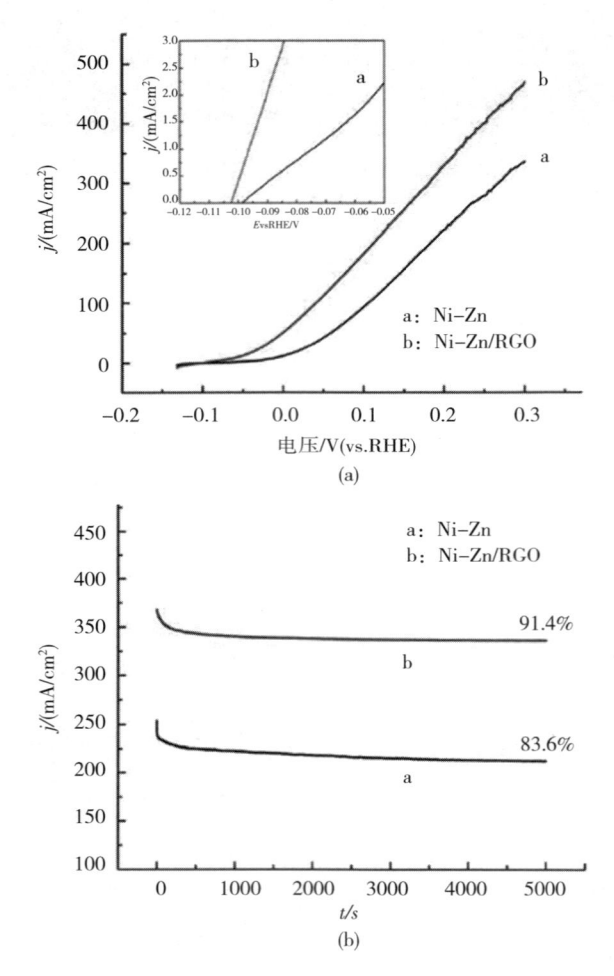

图 1-12 （a）Ni-Zn 和 Ni-Zn/RGO 催化剂在 1.0mol/L NaOH + 0.1mol/L N_2H_4 中循环伏安曲线，扫速为 20mV/s；（b）Ni-Zn 和 Ni-Zn/RGO 催化剂在 1.0mol/L NaOH + 3.0mol/L N_2H_4 中在 0.2V 电位下的计时电流曲线

有学者采用电沉积法在泡沫镍（Ni foam）上沉积 Ni-Zn 合金，得到 Ni-Zn/Ni foam。Ni film 催化剂由许多个粒子组成（图 1-13a）。Ni-Zn 合金由一些直径在

100~500 nm 范围内的不规则球体组成（图 1-13b）。浸出后，Ni-Zn 合金表面变得开放，可以观察到明显的纳米片状结构颗粒（图 1-13c）。在浸出后的 Ni-Zn 合金的透射电镜图片（图 1-13d）中也可以观察到纳米片结构。Ni-Zn/Ni foam 在 0.3V（vs. RHE）下氧化电流可达 370mA/cm^2，在经过长达 5000s 的电化学测试后，Ni-Zn/Ni foam 上肼氧化电流仍然能够达到初始值的 88.7%。从机理角度，Ni-Zn/Ni foam 优良的性能主要归因于两点。第一，引入 Zn 会抑制 Ni-Zn 表面形成氧化物。第二，在经过长时间的性能测试后，Ni-Zn 形貌依然能够保持不变。另外，Ni-Zn/Ni foam 本身具有的高电导性、高表面积以及大量的活性位等性质也导致其具有较好的性能。

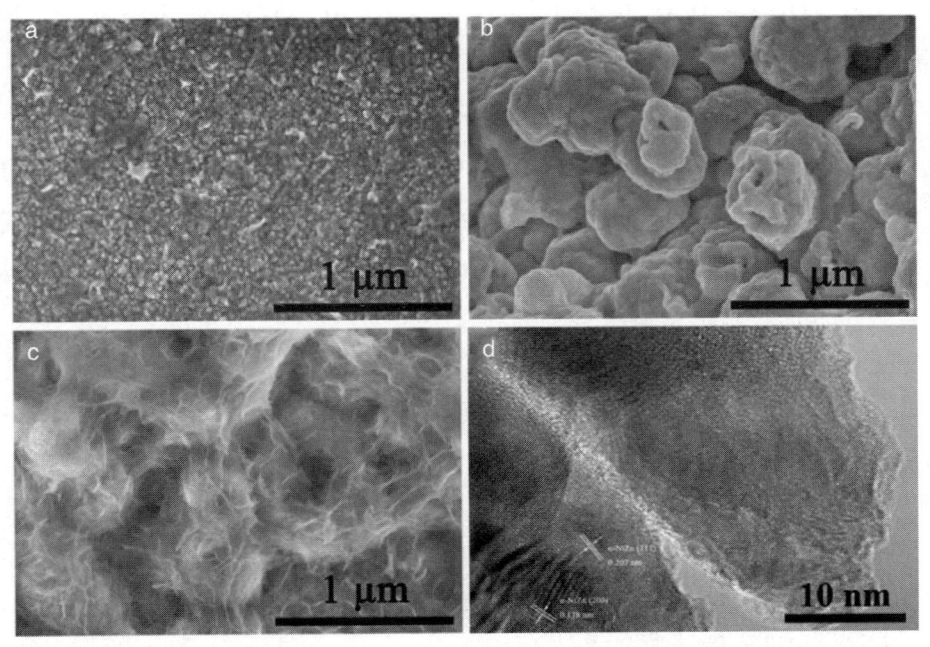

图 1-13 Ni film（a）、Ni-Zn 合金（b）、浸出后的 Ni-Zn 合金（c）的扫描电镜图。浸出后的 Ni-Zn 合金（c）的透射电镜图（d）

与其他过渡金属相比，Ni 和 Fe 基氢氧化物由于具有高丰度、低成本和环境友好等优点引起了更广泛的关注。与双金属（Ni、Fe）氢氧化物相比，单金属

（Ni、Fe）基氢氧化物的催化活性较低。Pravin Babar 采用简单的分步电沉积方法在泡沫镍（NF）上合成出 NiFe 氢氧化物纳米列阵，制得 NiFe（OH）$_2$-SD/NF 催化剂。图 1-14 为 NiFe（OH）$_2$-SD/NF 催化剂的场发射扫描电镜图（a）和透射电镜图（b）。从图 1-14a 可以看出，将 Fe 掺入 Ni（OH）$_2$ 层中，形成 NiFe（OH）$_2$-SD/NF 膜，其表面形貌呈现相互连通的纳米阵列，形成多孔结构，且纳米阵列的边界与 Ni（OH）$_2$ 的边界明显不同。从图 1-14b 可以看出，NiFe（OH）$_2$-SD/NF 催化剂显示出类似纳米阵列结构的形貌。同时，该课题组将 NiFe（OH）$_2$-SD/NF 催化剂、NiFe（OH）$_2$/NF 催化剂、NF 基底的催化性能进行比较（图 1-15），NiFe（OH）$_2$-SD/NF 催化剂的性能更好，在 10mA/cm^2 时，NiFe（OH）$_2$-SD/NF 催化剂的超电势最低。在 1.32V（vs. RHE）下，NiFe（OH）$_2$/NF 上肼氧化电流可达 10mA/cm^2。NF 基底对肼氧化反应的催化活性较差，NiFe（OH）$_2$/NF 需 0.22V 才能达到 10mA/cm^2。NiFe（OH）$_2$-SD/NF 对肼氧化反应表现出优异的催化活性，只需 0.06V 的低电位就能达到 10mA/cm^2，表明其作为高活性催化剂的能力。NiFe（OH）$_2$-SD/NF 所具有的多孔结构利于气体产物和液态电解质的传输，再加上 Ni-Fe 间的协同作用导致 NiFe（OH）$_2$-SD/NF 具有较好的催化性能。

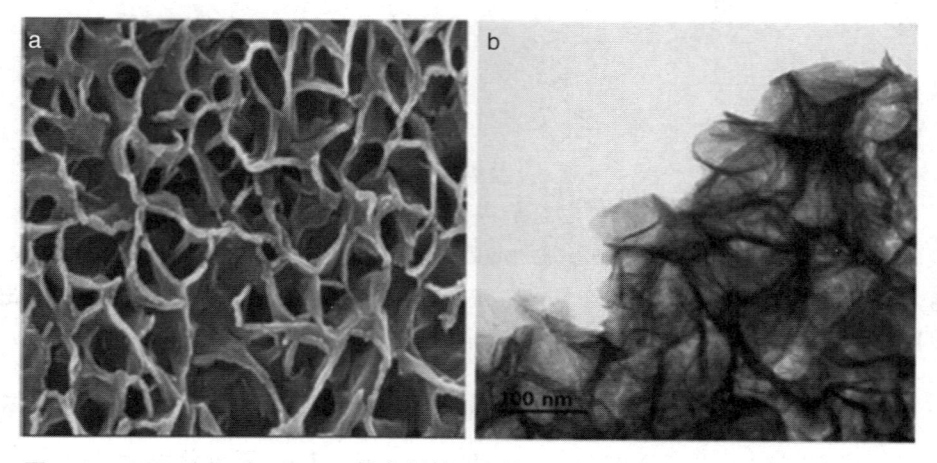

图 1-14　NiFe（OH）$_2$-SD/NF 催化剂的场发射扫描电镜图（a）和透射电镜图（b）

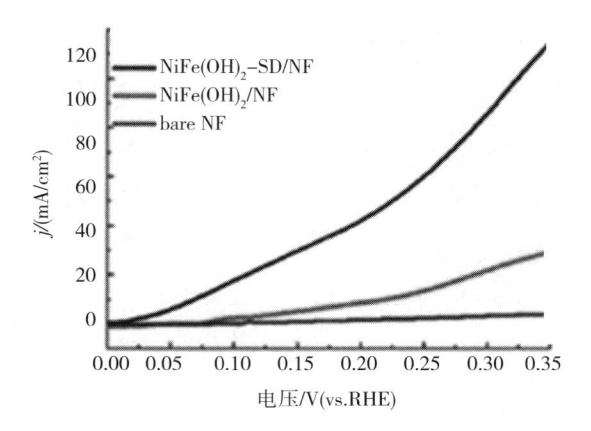

图 1-15　NiFe（OH）$_2$-SD/NF、NiFe（OH）$_2$/NF、NF 在 1.0 mol/L KOH + 0.5 mol/L N$_2$H$_4$ 中的线性扫描曲线

镍元素作为地球上储量丰富的变价过渡金属元素，可以作为电子转移的媒介。从这一点来看，Ni 的化合物同样有希望增强催化肼电氧化活性。与 p 型高欧姆半导体氧化镍和氢氧化物等相比，Ni$_3$S$_2$ 在常温下具有较高的电子电导率，有利于提升电荷转移速度。有学者在水热条件下利用硫化钠对泡沫镍进行化学腐蚀，得到了三维 Ni$_3$S$_2$@Ni foam 电极。Ni$_3$S$_2$ 以紧密堆积的亚微米颗粒形式覆盖在泡沫镍表面。Ni$_3$S$_2$ 层的形成可以用三个过程来描述：通过泡沫镍表面的 Ni 原子形成溶液中的 Ni^{2+} 原子和泡沫镍中的电子形成的"双电层"；Ni^{2+}、离子化的 S^{2-} 和表面金属 Ni 原子构成了 Ni$_3$S$_2$；积聚的电子与氧和水发生反应，实现连续传导的腐蚀。对于 Ni$_3$S$_2$@Ni foam 电极，观察到一个明显的属于肼电氧化的阳极峰。Ni$_3$S$_2$@Ni foam 电极比泡沫镍基底具有更负的肼电氧化起始电位（图 1-16）。较高的氧化电流密度和较低的起始氧化电位表明 Ni$_3$S$_2$@Ni foam 比 Ni foam 具有更好的活性。活性的提高主要归因于具有良好电子传导性的 Ni$_3$S$_2$ 层充当了肼与催化剂之间电子转移的中介体。

Ni 基和 Co 基硒化物因其较低的带隙和较高的电子电导率而具有优越的电化学性能而受到更多的关注。有学者利用一种经典的 H$_2$ 辅助电沉积法制得多孔 Ni$_{0.6}$Co$_{0.4}$Se 催化剂。该课题组将 Ni$_{0.6}$Co$_{0.4}$Se、CoSe$_2$、NiSe$_2$ 和 NF 四个样品的催化性能进行了对比（图1-17），发现$Ni_{0.6}Co_{0.4}Se$具有更加优良的性能。在0.7V（vs. RHE）下，肼在$Ni_{0.6}Co_{0.4}Se$上氧化电流可达$620mA/cm^2$。$Ni_{0.6}Co_{0.4}Se$、$CoSe_2$、$NiSe_2$和NF上肼电氧化起始电位分别为25mV、50mV、78mV、100mV（vs. RHE）。$Ni_{0.6}Co_{0.4}Se$展示出最低的起始氧化电位。Ni和Co之间的协同作用、高表面积、高电导率，还有最重要的一点是$Ni_{0.6}Co_{0.4}Se$所具有的超疏水特性，上述这些因素导致$Ni_{0.6}Co_{0.4}Se$具有优良的催化性能。

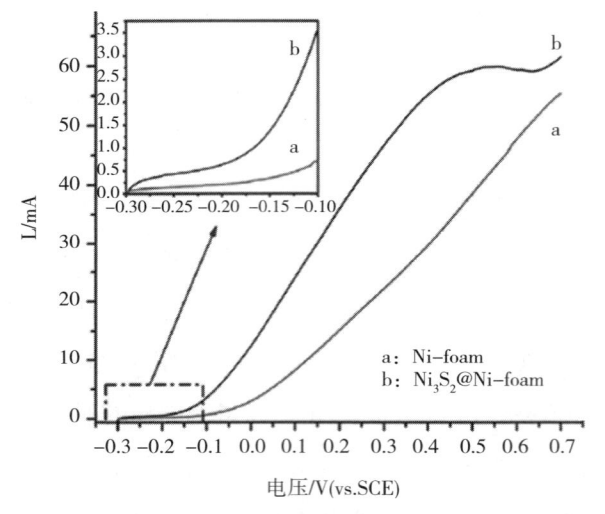

图1-16　Ni_3S_2@Ni foam和Ni foam在1.0mol/L KOH + 0.01mol/L N_2H_4中的线性扫描曲线（扫速为50mV/s）

近期，磷化物被报道可以作为良好的掺杂组分来增强电催化剂的性能。据报道，P掺杂可以提供丰富的电子，并促进电化学物种的质量传输。此外，P掺杂会延长电荷载流子的寿命，修饰金属电子环境，使其具有较高的催化稳定性能。有学者制备了碳载磷掺杂NiCo合金（NiCoP/C）电催化剂，并将其用作碱性溶液中催化肼氧化反应催化剂。NiCoP/C的透射电镜图（图1-18）展示出NiCoP纳米颗粒随机分散在碳载体上，堆积成多孔网络。NiCoP/C这种结构具有大的电化学表面积，为反应物向催化活性位点提供了良好的传导性能。与Ni/C、Co/C、NiCo/C相比，NiCoP/C具有电流密度大、活性高、稳定性好等优点。此外，NiCoP/C 具有较小的 Tafel 斜率（109.17mV/dec），相对较低的表观活化能（14.66kJ/mol）和较好的电荷转移动力学。该课题组所有工作将为开发一些新型非贵金属电催化剂用于催化肼电氧化反应提供参考。

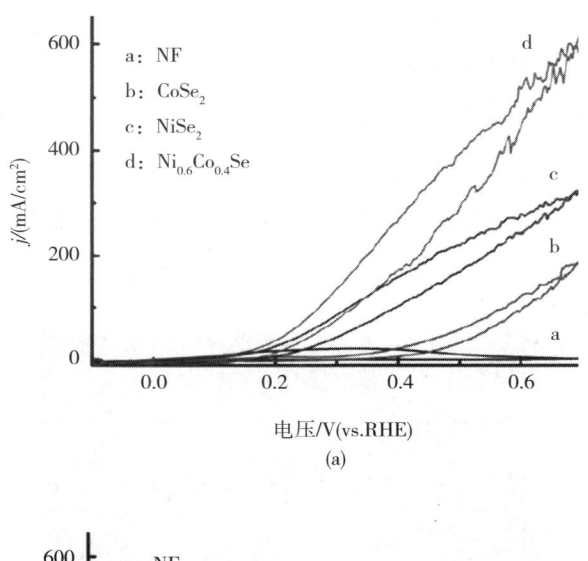

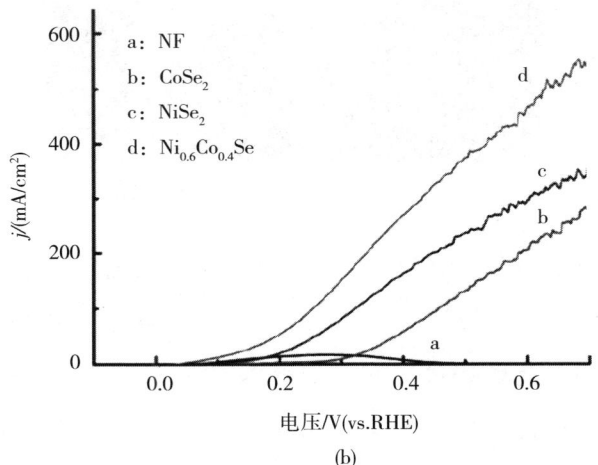

图 1-17　$Ni_{0.6}Co_{0.4}Se$、$CoSe_2$、$NiSe_2$ 和 NF 在 1.0 mol/L KOH + 0.1 mol/L N_2H_4 中的循环伏安曲线（a）和线性扫描曲线（b）

掺杂非金属磷元素已被证明可以改善 Ni 基电催化剂的性能。磷元素的掺杂通过改变金属催化剂的键长、配位数和电子结构，显著提高了金属催化剂的电催化活性。有学者成功开发了一种活性炭负载的镍晶核@磷化镍非晶壳异质结构电催化剂（Ni@NiP/C），并考察了其对肼氧化反应的催化性能。P/Ni 摩尔比为 3∶100 的 Ni@NiP/C，即 Ni@NiP$_{3.0}$/C 在碱性溶液中对肼氧化反应表现出优异的催化活性，其催化活性（2675.1A/g$_{Ni}$@0.25V vs. RHE）和稳定性远高于碳载 Ni 纳米颗粒（Ni/C）和 Pt/C 催化剂。结果表明，NiP 非晶壳层的形成有效地抑制了 Ni 核活性位点的钝化，同时，通过提高吸附能增强肼在 Ni 上的吸附，导致 Ni@NiP$_{3.0}$/C 具有较高的电化学活性和稳定性。密度泛函理论计算证实了核—壳异质结构对 Ni 活性位点稳定性和催化肼电氧化活性的作用。独特的晶核/无定形壳结构 Ni@NiP$_{3.0}$/C 显示出作为直接肼燃料电池有效电催化剂的潜力。

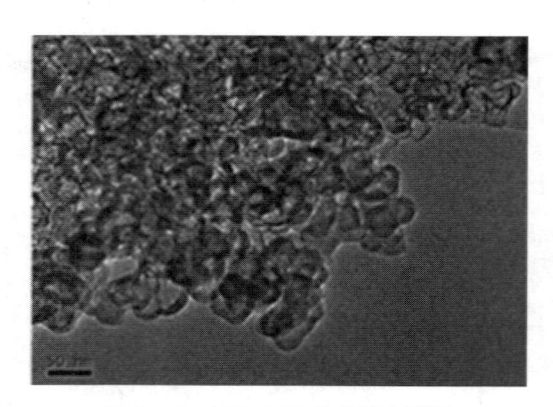

图 1-18 NiCoP/C 的透射电镜图

Sanaz Taghaddosi 所在的研究团队在不需要模板的情况下，用聚苯胺—共聚吡咯（PACP）空心球直接碳化法制备了 N-掺杂的空心碳纳米球（N-HCNs）。通过简单的水热以及煅烧过程在 N-HCNSs 的周围形成一个壳层，成功制备出具有纳米片结构的 NiO-NSS@N-HCNSs 和具有纳米线结构的 NiO-NWs@N-HCNSs，并将它们用作电催化氧化肼催化剂。采用透射电子显微镜、X 射线衍射等测试手段，对 NiO-NSS@N-HCNSs 和 NiO-NWs@N-HCNSs 的形貌和结构进行表征。研究团队采用循环伏安法、计时安培法和电化学阻抗谱技术比较了玻碳（GCE）、N-HCNSs/GCE、NiO-NPs/GCE、NiO-NSs@N-HCNSs/GCE 和 NiO-

NWs@N-HCNSs/GCE 多个不同电极催化肼氧化活性的大小。结果表明，HCNSs/GCE 具有较高的电活性比表面积、较高的催化活性、较低的过电位和较好的稳定性。这可能与 N-HCNSs 独特的纳米线结构和较大的比表面积、高电导率以及 NiO 与 N-HCNSs 之间的协同效应等有关。

（二）钴基催化剂

钴基催化材料常被用于催化肼电氧化反应。单原子催化剂（SACs）在多相催化中引起了越来越多的研究关注，因为它们提供了一个终极的原子经济性，并允许活性位点的充分暴露，从而导致比纳米催化剂更高的催化活性。Gawande 等人提出了一种新颖的方法，将单个 Co（Ⅱ）离子锚定在氰基石墨烯（G—CN）片上，从而获得 Co 基单原子催化剂 G（CN）-Co SACs。该材料对肼氧化反应表现出优异的催化活性，表现为低过电位和高电流密度，并在长时间的反应过程中保持稳定。因此，该材料可以用作肼氧化催化剂。密度泛函理论计算该材料的反应机理表明，G（CN）Co 上的 Co（Ⅱ）位点可以有效地与肼分子相互作用，促进参与肼氧化的 N—H 键的解离步骤。Gawande 等人提出的制备 G（CN）-Co SAC 的简单合成策略及其高效的催化性能可促进对其他 SACs 的进一步研究，以提高其对肼氧化反应和其他反应的催化活性。

有学者采用熔融盐法在 800℃下合成了三维氮掺杂碳纳米管，并将 Co 纳米颗粒掺入其中，制得 Co@NCNTs 催化剂。图 1-19（a、b）显示出 Co@NCNTs-1 具有许多孤立的、不规则的微结构，表面粗糙。图 1-19（c、d）展示出管状纳米结构与不规则的 Co 颗粒相互连接在 NCNTs 的表面，为电化学反应提供了显著的活性表面积。与 CoNPs/NCNTs-2（不加 $CaCl_2$ 处理）、NCNTs 和未修饰的玻碳电极（GCE）相比，CoNPs/NCNTs-1（用 $CaCl_2$ 处理）催化剂对肼的电催化氧化表现出显著的活性和稳定性。这归因于以下几点：第一，球形的 Co 纳米颗粒不断地被引入到 NCNTs 的表面，产生了一些催化活性位点；第二，多孔 N 掺杂碳纳米管由于具有更高的比表面积和丰富的微介孔表面，证实了电解液与 CoNPs/NCNTs-1 之间的相互作用；第三，Co 纳米颗粒与 NCNTs

之间显著的协同效应，以及较高的吡啶 –N 和吡咯 –N（52.4%）官能团的存在，显著提高了肼的电催化活性。

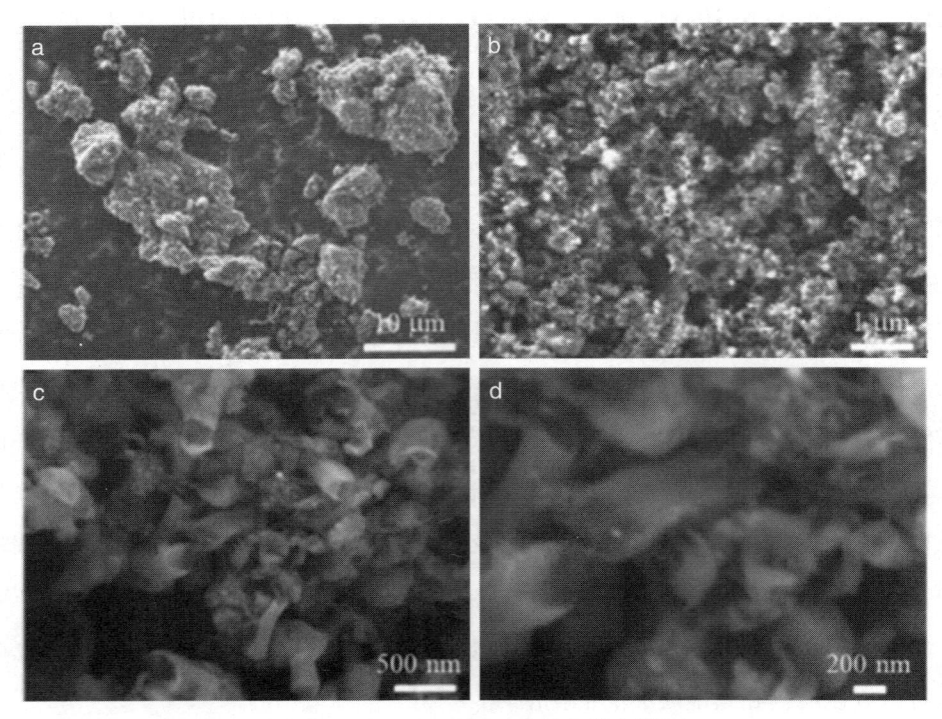

图 1-19　Co@NCNTs-1 的扫描电镜图

目前，在开发高活性和低成本的非贵金属催化剂方面已经进行了大量的研究工作，金属/金属氢氧化物复合异质结构由于具有丰富的晶界界面和强的金属/金属氢氧化物协同作用，在不同的研究领域表现出优异的性能，特别是在催化方面。有学者通过简单的电化学过程，在棉织物基底上制备了具有结晶态 Ni 和 Co（OH）$_2$ 的 Co（OH）$_2$-Ni 杂化异质结构。从 Co（OH）$_2$-Ni-Cu 的透射电镜图可看出（图 1-20），Co（OH）$_2$-Ni-Cu 呈现超细纳米片结构，说明 Ni 和 Co（OH）$_2$ 组分之间粘连牢固。Co（OH）$_2$-Ni-Cu 的花蕾纳米片由有序的小纳米片组成，无任何缺陷存在。在 1.0mol/L NaOH + 0.1mol/L N$_2$H$_4$ 溶液中，肼在 Co（OH）$_2$-Ni-Cu-CF 电极上电氧化起始电位为 –0.06V（vs. RHE），相对于 Ni-Cu-CF 电极，起始氧化电位负移80mV。结果表明，相对于Ni-Cu-CF电极，Co（OH）$_2$-Ni-Cu-CF电极具有更优良的催化肼电氧化性能。Co（OH）$_2$-Ni-Cu-CF优良的催化活性源于其存在较大的活性位点，这些活性位点主要来源于丰富的晶界。众所周知，Ni是高活性的肼氧化催化剂，再结合Co（OH）$_2$超细纳米片在提高肼电氧化催化活性方面发挥了重要作用。除晶界外，Co（OH）$_2$-Ni-Cu-CF电极较高的催化活性归因于Ni和Co（OH）$_2$之间的协同作用。由于带正电的Co^{2+}与Co^{2+}中未充满的d轨道之间的强静电亲和力，Ni层可能充当电子储存器，将电子从肼快速转移到催化剂电极上，而Co（OH）$_2$纳米片上的Co^{2+}促进OH^-的吸附。有研究表明，OH^-的吸附是肼电氧化的初始步骤，然后是肼与OH^-之间的单电子转移（$N_2H_{4ads^-}$ + $OH^- \rightarrow N_2H_3 + H_2O + e^-$）是速率决定步骤。最后，快速的电荷转移紧接着$OH^-$离子的增强吸附，共同加速了肼在Co（OH）$_2$-Ni-Cu-CF表面的电氧化反应。

$$N_2H_4 + Co（OH）_2 + 5OH^- \rightarrow N_2 + CoOOH + 5H_2O + 5e^- \quad (1-11)$$

$$CoOOH + OH^- \rightarrow CoO_2 + H_2O + e^- \quad (1-12)$$

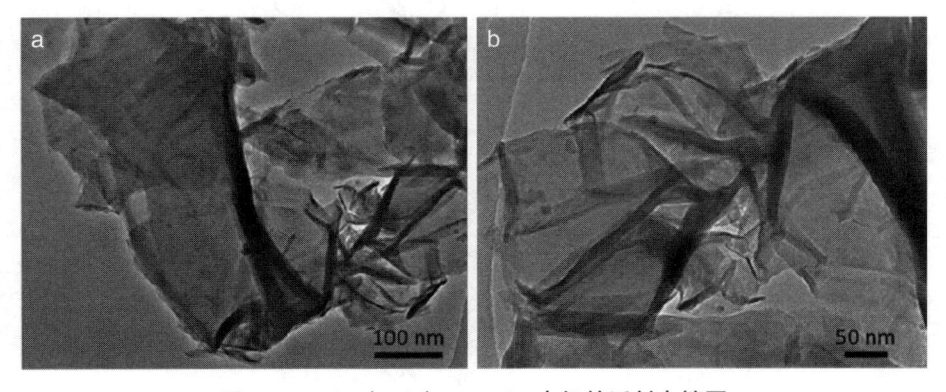

图1-20 Co（OH）$_2$-Ni-Cu电极的透射电镜图

过渡金属硫族化合物由于其低成本、高稳定性和高导电性等优点，最近在电化学能量存储/转换系统中受到了极大的关注。有学者通过原位还原钴镍层状双金属氢氧化物（CoNi-LDH）纳米片和随后的硫化过程来制备分级CoNi-硫化物纳米阵列，将其用于催化肼电氧化反应。这种独特的结构表现出协同效应：导电的 Co-Ni 合金为电子转移提供了通道，CoNi-硫化物壳层为肼的电氧化提供了高度暴露的活性位点。图 1-21 为 Ni foil、CoNi‑LDH、CoNi-R、CoNi-R-O 和 CoNi-R-S 样品在 0.1mol/L KOH（a 线）和 0.1mol/L KOH + 0.02mol/L N$_2$H$_4$（b 线）中循环伏安曲线。与 CoNi 合金 @CoNi 氧化物、CoNi-硫化物和 CoNi 层状双金属氢氧化物相比，CoNi 合金 @CoNi 硫化物对肼的电氧化表现出优异的催化活性和

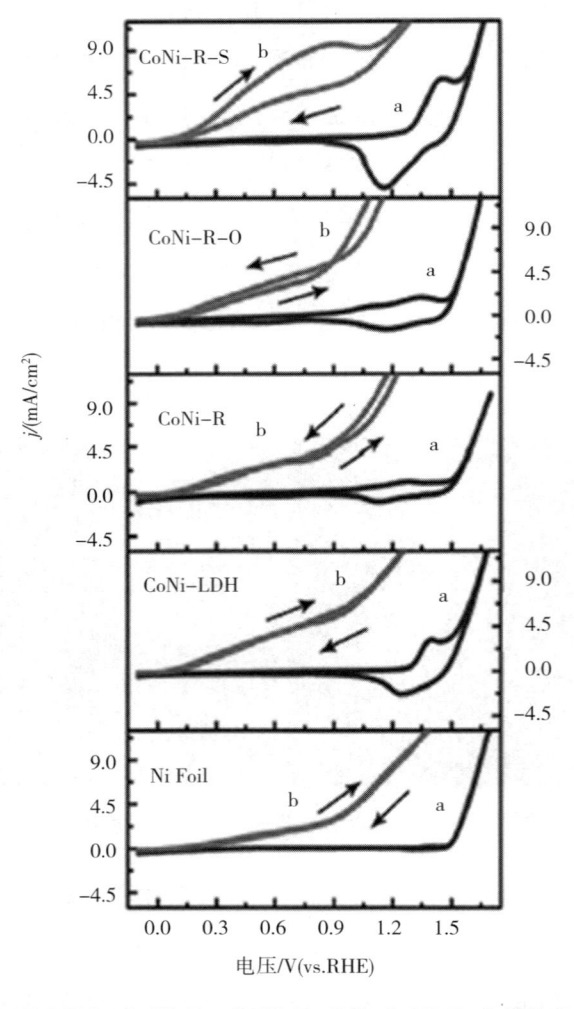

图 1-21 Ni foil、CoNi-LDH、CoNi-R、CoNi-R-O 和 CoNi-R-S 样品在 0.1mol/L KOH（a 线）和 0.1mol/L KOH + 0.02mol/L N$_2$H$_4$（b 线）中循环伏安曲线

稳定性。这归因于CoNi硫化物表面容易发生脱氢过程，大幅提高了电子传导率，以及这种分级核壳纳米结构中的离子传输。该方法有望扩展到其他硫化物的制备，在燃料电池和电催化方面具有潜在的应用价值。

Co_9S_8比氧化钴和氢氧化钴具有更高的电导率。有学者报道了将Co_9S_8纳米晶原位生长到S掺杂的碳基质（Co_9S_8@S-C）中，作为肼氧化反应的高效电催化剂。图1-22可看出Co_9S_8@S-C-600呈现出平均尺寸为29nm的多孔碳基体负载Co_9S_8纳米晶的形貌，有利于电解质的渗透和电子的快速转移。该研究人员指出，Co_9S_8纳米晶作为电催化肼氧化反应的活性位点，导电多孔的S掺杂碳基质不仅促进了电荷和质量传递，而且固定和保护了Co_9S_8纳米晶在肼氧化过程中免受损坏。催化性能最优的Co_9S_8@S-C-600催化剂具有高的比表面积（60.8m^2/g），在碱性介质中，在0.3V（vs.RHE）电位下对肼氧化反应展示出376mA/cm^2的电流密度，其活性超过了一些先前报道的肼电氧化催化剂。此外，Co_9S_8@S-C-600在电流密度值大于300mA/cm^2时，12h稳定性测试后的活性保持率为92.8%，远优于Pt/C催化剂（15%的活性保留率）。Co_9S_8@S-C-600催化剂优异的活性和耐久性主要归因于高活性的Co_9S_8纳米晶和导电多孔的S掺杂碳基质的共同作用，这使得Co_9S_8@S-C-600成为一种有效的非贵金属电催化剂。

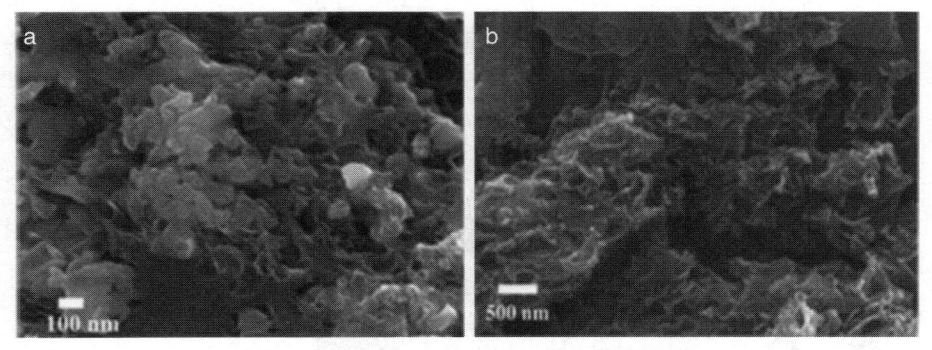

图1-22　Co_9S_8@S-C-600的扫描电镜图

过渡金属或掺入碳的金属氧化物纳米颗粒可作为高效催化肼电氧化催化剂。特别是杂原子掺杂的碳纳米材料，由于其具有许多独特的优点，包括优良的稳定性、易于获得，以及对肼的电氧化具有显著的催化性能，受到了广泛的关注。有学者利用基于氯化钠（NaCl）的软模板法合成了一系列氮掺杂的三维多孔 Co_3O_4/碳纳米片网状催化剂（Co-NPC-NNs-x）。Co_3O_4/N 掺杂碳催化剂的合成过程如图 1-23 所示。该课题组研究了制备过程中 NaCl 所起的作用。Co_3O_4/N 掺杂碳催化剂的合成过程是反应混合物中的 NaCl 在 900℃碳化处理过程中熔化并同时产生纳米颗粒。在碳化过程中，生成的纳米液滴被 Co 蛋白胨前驱体吸附，最终产物形成 N 掺杂的多孔纳米片网状结构。此外，在前驱体混合物中没有 NaCl 的情况下获得片状或固体岩石状不规则形状的材料。证实了 NaCl 作为一种软模板可用于生成多孔纳米片状结构的碳样品。在合成的样品中，与 Co-NPC-NNs-1、Co-NPC-NNs-3 和 NPC NNs 催化剂相比，Co-NPC-NNs-2 具有比较良好的催化活性和催化稳定性，能够有效促进肼电氧化反应。作为一种有效的催化剂，Co-NPC-NNs-2 催化剂表面无团聚地随机分布着大量的 Co 纳米粒子，给肼电氧化反应提供较多的活性中心。Co-NPC-NNs-2 具有的三维网状纳米片结构，使其具有较高的电化学表面积进而大幅提升其催化性能。该研究人员还指出 Co-NPC-

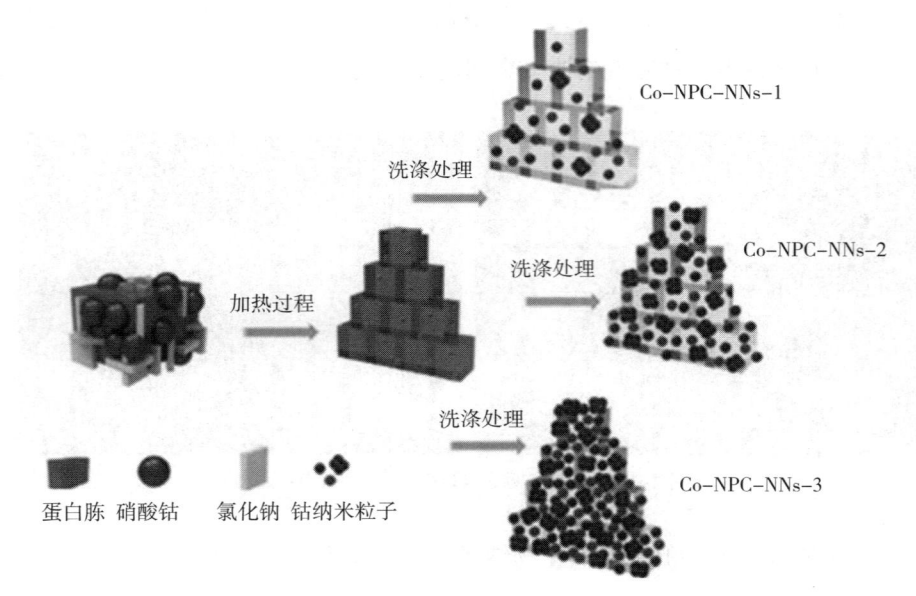

图 1-23　各种 Co_3O_4/N 掺杂碳样品的制备流程图

NNs-2 催化剂表面 OH⁻ 和肼（N_2H_4）的吸附为速率控制过程。羟基离子 OH⁻ 在 Co 表面的吸附被认为是肼电氧化的第一步。表征结果表明，Co-NPC-NNs-2 催化剂表面具有大量有效的 Co 活性位，能够提升 OH⁻ 的吸附，因此 Co-NPC-NNs-2 催化剂上肼电氧化的起始电位较低。

有学者成功设计了一种 Mott-Schottky 电催化剂，由原位制备的 Co 纳米颗粒磷化得到的 CoP/Co 纳米颗粒组成。在 10mA/cm² 和 100mA/cm² 的电流密度下，该催化剂催化肼氧化所需的工作电位分别为 -69mV 和 177mV。形成的 CoP/Co 异质结界面不仅作为催化肼氧化的活性位点，而且有效地降低了肼氧化反应的能垒，从而降低了催化肼氧化的工作电位。此外，原位构建异质结构的方法也为合成高效的钴基催化剂提供了思路。

（三）铜基催化剂

金属铜（Cu）在地球上的储量很多，并且有着较好的导电能力，因而被人们关注与研究。铜基纳米材料也被研究人员加以研究。

在金属催化剂中添加合适的非金属可以进一步促进电催化活性，尤其是磷，可以提高金属合金在许多反应中的电催化活性。有学者通过高温磷化过程制备出一系列碳载磷化 CuNi 催化剂（记为 P-Cu_xNi_y/C），并将其用作肼氧化反应催化剂。电化学测试结果表明，与 P-CuNi/C、P-$CuNi_2$/C、Cu_2Ni/C、Cu/C 和 Ni/C 催化剂相比，P-Cu_2Ni/C 催化剂对肼电氧化反应表现出更高的催化活性和稳定性。此外，研究了肼电氧化反应动力学，证明了肼在 P-Cu_2Ni/C 催化剂上的电氧化反应是一个受扩散控制的不可逆过程。

Cu 基催化剂由于具有较低的起始电位和较好的稳定性而表现出相对较高的性能。然而，与 Pt 和 Pd 等贵金属催化剂相比，其催化性能包括活性和耐久性，仍然需要进一步改善。另有学者利用去合金化方法制备出 CuPd 合金氧化物（$Cu_{0.9}Pd_{0.1}$）O 纳米带。图 1-24 为 CuO 和（$Cu_{0.9}Pd_{0.1}$）O 的透射电镜图。从图可以看出，CuO 和（$Cu_{0.9}Pd_{0.1}$）O 都表现出相似的超薄纳米带的微观结构。（$Cu_{0.9}Pd_{0.1}$）O 纳米带在肼电氧化反应中表现出比 CuO 高 1.5 倍的电流密度和更好的稳定性。

以（$Cu_{0.9}Pd_{0.1}$）O 为阳极的单电池表现出 330mW/cm² 的峰值功率密度，比使用纯 CuO 为阳极的单电池的峰值功率密度提高了约 100mW/cm²。另外，N_2 吸附实验和产物分析表明，Pd 合金化不仅可以增大（$Cu_{0.9}Pd_{0.1}$）O 的比表面积，而且可以抑制肼的自分解。这些改进将提高（$Cu_{0.9}Pd_{0.1}$）O 的催化活性和燃料利用率。

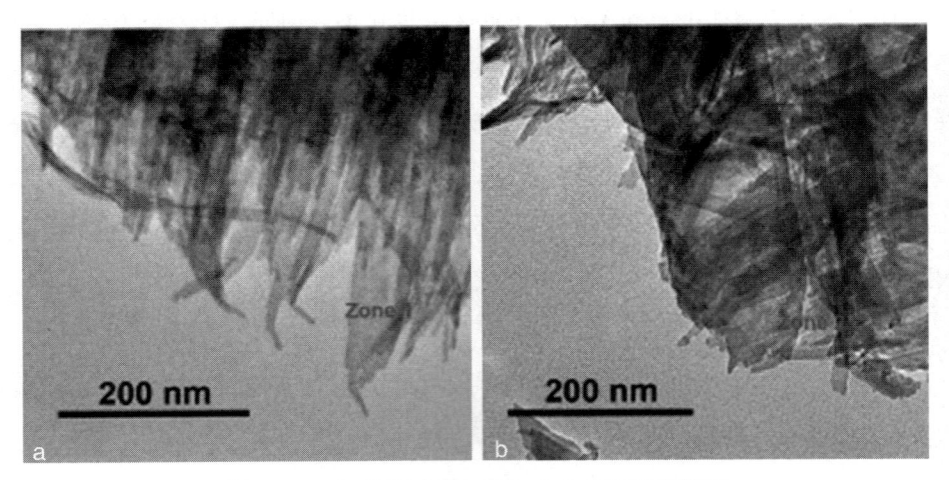

图 1-24　CuO 和（$Cu_{0.9}Pd_{0.1}$）O 的透射电镜图

参考文献

[1] CRAPNELL R D, BANKES C E. Electroanalytical overview: the electroanalytical sensing of hydrazine[J]. Sensors & Diagnostics, 2022, 1(1): 71−86.

[2] FENG G, AN L, LI B, et al. Atomically ordered non−precious Co_3Ta intermetallic nanoparticles as high−performance catalysts for hydrazine electrooxidation[J]. Nature Communications, 2019, 10: 4514.

[3] BADRELDIN A, YOUSSEF E, DJIRE A, et al. A Critical look at alternative oxidation reactions for hydrogen production from water electrolysis[J]. Cell Reports Phyical Science, 2023, 4(6): 101427.

[4] SAKAMOTO T, SEROV A, MASUDA T, et al. Highly durable direct hydrazine hydrate anion exchange membrane fuel cell[J]. Journal of Power Sources, 2018,

375, 291-299.

[5] ASAZAWA K, YAMADA K, TANAKA H, et al. A platinum-free zero-carbon-emission easy fuelling direct hydrazine fuel cell for cehicles[J]. Angewandte Chemie International Edition, 2007, 46(42): 8024-8027.

[6] BARD A J. Chronopotentiometric oxidation of hydrazine at a platinum electrode[J]. Analytical Chemistry, 1963, 35(11): 1602-1607.

[7] ANDREW M R, GRESSLER W J, JOHNSON J K, et al. Engineering aspects of hydrazine-air fuel cell power systems[J]. Journal of Applied Electrochemistry, 1972, 2(4): 327-336.

[8] 温禾. 直接肼燃料电池阳极镍基电催化剂的制备与催化性能研究[D]. 广州: 华南理工大学, 2019.

[9] YAMADA K, ASAZAWA K, YASUDA K, et al. Investigation of PEM type direct hydrazine fuel cell[J]. Journal of Power Sources, 2003, 115(2): 236-242.

[10] YAMADA K, YASUDA K, FUJIWARA N, et al. Potential application of anion-exchange membrane for hydrazine fuel cell electrolyte[J]. Electrochemistry Communications, 2003, 5(10): 892-896.

[11] ASAZAWA K, SAKAMOTO S, YAMAGUCHI K, et al. Study of anode catalysts and fuel concentration on direct hydrazine alkaline anion-exchange membrane fuel Cells[J]. Journal of the Electrochemical Society, 2009, 156(4): B509-B512.

[12] LAO S J, QIN H Y, YE L Q, et al. A development of direct hydrazine/hydrogen peroxide fuel cell[J]. Journal of Power Sources, 2010, 195(13): 4135-4138.

[13] WANG Y H, LIU X Y, TAN T, et al. A phosphatized pseudo-core-shell Fe@Cu-P/C electrocatalyst for efficient hydrazine oxidation reaction[J]. Journal of Alloys and Compounds, 2019, 787:1 04-111.

[14] YUE X Y, YANG W X, XU M, et al. High performance of electrocatalytic oxidation and determination of hydrazine based on Pt nanoparticles/TiO_2

nanosheets[J]. Talanta, 2015, 144: 1296−1300.

[15] KIM J H. Electrocatalytic oxidation of hydrazine on Pt−decorated graphene oxide in strongly acidic media[J]. Bulletin of the Korean Chemical Society, 2017, 38(8): 988−988.

[16] KIM J D, CHOI M Y, CHOI H C. Graphene−oxide−supported Pt nanoparticles with high activity and stability for hydrazine electro−oxidation in a strong acidic solution[J]. Applied Surface Science, 2017, 420: 700−706.

[17] SHI Y C, YUAN T, FENG J J, et al. Rapid fabrication of support−free trimetallic $Pt_{53}Ru_{39}Ni_8$ nano sponges with enhanced electrocatalytic activity for hydrogen evolution and hydrazine oxidation reactions[J]. Journal of Collide and Interface Scienc, 2017, 505: 14−22.

[18] YU P, LIU C, FENG B, et al. Highly efficient anode catalyst with a Ni@PdPt core−shell nanostructure for methanol electrooxidation in alkaline media[J]. International Journal of Minerals Metallurgy and Materials, 2015, 22: 1101−1107.

[19] WANG R, DONG X, DU J, et al. MOF−derived bifunctional Cu_3P nanoparticles coated by a N, P−codoped carbon shell for hydrogen evolution and oxygen reduction[J]. Advanced Materials, 2018, 30: 1703711−1703721.

[20] WANG Y H, LIU X Y, HAN J, et al. Phosphatized pseudo−core−shell Ni@Pt/C electrocatalysts for efficient hydrazine oxidation reaction[J]. International Journal of Hydrogen Energy, 2020, 45: 6360−6368.

[21] SHEN Y, XU Q, GAO H, et al. Dendrimer−encapsulated Pd nanoparticles anchored on carbon nanotubes for electro−catalytic hydrazine oxidation[J]. Electrochemsitry Communications, 2009, 11(6): 1329−1332.

[22] ZHANG L, NIU W X, GAO W Y, et al. Facet−dependent electrocatalytic activities of Pd nanocrystals toward the electro−oxidation of hydrazine[J].

Electrochemistry Communications, 2013, 37: 57–60.

[23] CHEN L, HU G Z, ZOU G J, et al. Efficient anchorage of Pd nanoparticles on carbon nanotubes as a catalyst for hydrazine oxidation[J]. Electrochemsitry Communications, 2009, 11(2): 504–507.

[24] DONG B, HE B L, HUANG J, et al. High dispersion and electrocatalytic activity of Pd/titanium dioxide nanotubes catalysts for hydrazine oxidation[J]. Journal of Power Sources, 2008, 175(1): 266–271.

[25] LIN H L, YANG J M, LIU J Y, et al. Properties of Pd nanoparticles-embedded polyaniline multilayer film and its electrocatalytic activity for hydrazine oxidation[J]. Electrochimica Acta, 2013, 90: 382–392.

[26] DAS A K, KIN N H, PRADHAN D, et al. Electrochemical synthesis of palladium (Pd) nanorods: an efficient electrocatalyst for methanol and hydrazine electro-oxidation[J]. Composites Part B-Engineering, 2018, 144: 11–18.

[27] LV J J, LI S S, WANG A J, et al. Monodisperse Au–Pd bimetallic alloyed nanoparticles supported on reduced graphene oxide with enhanced electrocatalytic activity towards oxygen reduction reaction[J]. Electrochimica Acta, 2014, 136: 521–528.

[28] CHEN L X, JIANG L Y, WANG A J, et al. Simple synthesis of bimetallic AuPd dendritic alloyed nanocrystals with enhanced electrocatalytic performance for hydrazine oxidation reaction[J]. Electrochimica Acta, 2016, 190: 872–878.

[29] DU M M, SUN H J, LI J W, et al. Integrative Ni@Pd–Ni alloy nanowire array electrocatalysts boost hydrazine oxidation kinetics[J]. Chemelectrochem Articles, 2019, 6: 1–8.

[30] LIU F, JIANG X, WANG H H, et al. Boosting electrocatalytic hydrazine oxidation reaction on high-index faceted Au concave trioctahedral nanocrystals[J]. ACS Sustainable Chemistry & Engineering, 2022, 10(2): 696–702.

[31] ROY N, BHUNIA K, TERASHIMA C, et al. Citrate-capped hybrid Au–TiO$_2$ nanomaterial for facile and enhanced electrochemical hydrazine oxidation[J]. ACS Omega, 2017, 2(3): 1215-1221.

[32] HAN Y J, HAN L, ZHANG L L, et al. Ultrasonic synthesis of highly dispersed Au nanoparticles supported on Ti-based metal-organic frameworks for electrocatalytic oxidation of hydrazine[J]. Journal of Materials Chemistry, 2015, 3(28): 14669-14674.

[33] DUAN D, LIU H, YOU X, et al. Anodic behavor of carbon supported Cu@Ag core-shell nanocatalysts in direct borohydride fuel cells[J]. Journal of Power Sources, 2015, 293: 292-300.

[34] KRISHNA R, FERNANDES D M, VENTURA J, et al. Facile synthesis of reduced graphene oxide supported Pd@Ni$_x$B/RGO nanocomposite: novel electrocatalyst for ethanol oxidation in alkaline media[J]. International Journal of Hydrogen Energy, 2016, 41: 11811-11822.

[35] WANG R, WANG H, WANG X, et al. Effect of the structure of Ni nanoparticles on the electrocatalytic activity of Ni@Pd/C for formic acid oxidation[J]. International Journal of Hydrogen Energy, 2013, 38: 13125-13131.

[36] ABDOLMALEKI M, AHADZADEH I, GOUDARZIAFSHAR H. Direct hydrazine-hydrogen peroxide fuel cell using carbon supported Co@Au core-shell nanocatalyst[J]. International Journal of Hydrogen Energy, 2017, 42(23): 15623-15631.

[37] LEI Y, LIU Y, FAN B A, et al. Facile fabrication of hierarchically porous Ni foam@Ag-Ni catalyst for efficient hydrazine oxidation in alkaline medium[J]. Journal of The Taiwan Institute of Chemical Engineers, 2019, 105: 75-84.

[38] MA X M, ZHANG J, JIANG Q T, et al. Highly dispersed Ag/graphene composites with enhanced electro-oxidation of hydrazine[J]. Science of

Advanced Materials, 2016, 8(6): 1305-1308.

[39] DONG B, HU W H, ZHANG X Y, et al. Facile synthesis of hollow SnO_2 nanospheres uniformly coated by Ag for electro-oxidation of hydrazine[J]. Materials Letters, 2017, 189: 9-12.

[40] GAO G Y, GUO D J, WANG C, et al. Electrocrystallized Ag nanoparticle on functional multi-walled carbon nanotube surfaces for hydrazine oxidation[J]. Electrochemistry Communications, 2007, 9(7): 1582-1586.

[41] LEE J H, JO D Y, CHOUNG J W, et al, Roles of noble metals (M = Ag, Au, Pd, Pt and Rh) on CeO_2 in enhancing activity toward soot oxidation: active oxygen species and DFT calculations[J]. Journal of Hazardous Materials, 2021, 403: 124085.

[42] SHI J, SUN Q T, CHEN J X, et al. Nitrogen contained rhodium nanosheet catalysts for efficient hydrazine oxidation reaction[J]. Applied Catalysis B-Environment and Energy, 2024, 343: 123561.

[43] MOHAMMADI T, ASADPOUR-ZEYNALI K, MAJIDI M R, et al. Ru-Ni nanoparticles electrodeposited on rGO/Ni foam as a binder-free, stable and high-performance anode catalyst for direct hydrazine fuel cell[J]. Heliyon, 2023, 9: e16888.

[44] REES N V, COMPTON R G. Carbon-free energy: a review of ammonia-and hydrazine-based electrochemical fuel cells[J]. Energy Environmental Science, 2011, 4(4): 1255-1260.

[45] YE L Q, LI Z P, QIN H Y, et al. Hydrazine electrooxidation on a composite catalyst consisting of nickel and palladium[J]. Journal of Power Sources, 2011, 196(3): 956-961.

[46] WANG H, MA Y J, WANG R F, et al. Liquid-liquid interface-mediated room-temperature synthesis of amorphous NiCo pompoms from ultrathin

nanosheets with high catalytic activity for hydrazine oxidation[J]. Chemical Communications, 2015, 51(17): 3570–3573.

[47] ZHANG Z Y, TANG P P, WEN H, et al. Bicontinuous nanoporous Ni–Fe alloy as a highly active catalyst for hydrazine electrooxidation[J]. Journal of Alloys and Compounds, 2022, 906: 164370.

[48] FENG Z B, LI D G, WANG L, et al. A 3D porous Ni–Zn/RGO catalyst with superaerophobic surface for high-performance hydrazine electrooxidation[J]. Journal of alloys and Compounds, 2019, 788: 1240–1245.

[49] FENG Z B, LI D G, WANG L, et al. In situ grown nanosheet Ni–Zn alloy on form for high performance hydrazine electrooxidation[J]. Electrochimica Acta, 2019, 304: 275–281.

[50] BABAR P, LOKHANDE A, KARADE V, et al. Trifuanctional layered electrodeposited nickel iron hydroxide electrocatalyst with enhanced performance towards the oxidation of water, urea and hydrazine[J]. Journal of Colloid and Interface Science, 2019, 557: 10–17.

[51] LIU X, LI Y X, CHEN N, et al. Ni_3S_2@Ni foam 3D electrode prepared via chemical corrosion by sodium sulfide and using in hydrazine electro-oxidation[J]. Electrochimica Acta, 2016, 213: 730–739.

[52] FENG Z B, WANG E P, HUANG S, et al. Bifunctional nanoporous Ni–Co–Se electrocatalyst with superaerophobic surface for the water and hydrazine oxidation[J]. Nanoscale, 2020, 10: 1549–2172.

[53] LIANG B, WANG Y H, LIU X Y, et al. Nickel–cobalt alloy doping phosphorus as advanced electrocatalyst for hydrazine oxidation[J]. Journal of Alloys and Compounds, 2019, 807: 151648.

[54] ZHANG J, CAO X Y, GUO M, et al. Unique Ni crystalline core/Ni phosphide amorphous shell heterostructured electrocatalyst for hydrazine oxidation reaction

of fuel cells[J]. ACS Applied Materials & Interfaces, 2019, 11(21): 19048-19055.

[55] TAGHADDOSI S, REZAEE S, SHAHROKHIAN S. Facile synthesis of N-doped hollow carbon nanospheres wrapped with transition metal oxides nanostructures as non-precious catalysts for the electro-oxidation of hydrazine[J]. Journal of Electroanalytical chemistry, 2020, 875:114437.

[56] WEI X, WANG T Y, DAI H B, et al. Nanotwin-Induced Strain Enhances the Catalytic Efficiency of Ni-Zn for Hydrazine Oxidation[J]. ACS Applied Energy Materials, 2024, 7(12): 5202-5208.

[57] WEI X, WANG T Y, DAI H B, et al. Multifold nanotwin-enhanced catalytic activity of Ni-Zn-Cu for hydrazine oxidation[J]. Journal of Alloys and Compounds, 2024, 997: 174898.

[58] WEI X, DAI H B, LIU C W, et al. Boosting electrocatalytic hydrazine oxidation at single-crystalline Ni nanosheets with embedded NiZn[J]. Progress in Natural Science-Materials International, 2023, 33(5): 710-717.

[59] ZHOU S Q, ZHAO Y X, SHI R, et al. Vacancy-rich MXene-immobilized Ni single atoms as a high-performance electrocatalyst for the hydrazine oxidation reaction[J]. Advanced Materials, 2022, 34(36): 2204388.

[60] KADAM R G, ZHANG T, ZAORALOV D, et al. Single Co-atoms as electrocatalysts for efficient hydrazine oxidation reaction[J]. Small, 2021, 17(16): 2006477.

[61] WANG H, DONG Q, LEI L, et al. Co Nanoparticle-encapsulated nitrogen-doped carbon nanotubes as an efficient and robust catalyst for electro-oxidation of hydrazine[J]. Nanomaterials, 2021, 11(11): 2857.

[62] JIANG H S, WANG Z N, KANNAN P, et al. Grain boundaries of $Co(OH)_2$-Ni-Cu nanosheets on the cotton fabric substrate for stable and efficient electro-

oxidation of hydrazine[J]. International Journal of Hydrogen Energy, 2019, 44(45): 24591−24603.

[63] ZHOU L, SHAO M, ZHANG C, et al. Hierarchical CoNi−sulfide nanosheet arrays derived from layered double hydroxides toward efficient hydrazine electrooxidation[J]. Advanced Materials, 2017, 29(6): 1604080.

[64] GUO R H, GAO L L, MA M M, et al. In situ grown Co_9S_8 nanocrystals in sulfur−doped carbon matrix for electrocatalytic oxidation of hydrazine[J]. Electrochimica Acta, 2022, 403: 139567.

[65] WANG H, DING J T, PALANISAMY K, et al. Cobalt nanoparticles intercalated nitrogen−doped mesoporous carbon nanosheet network as potential catalyst for electro−oxidation of hydrazine[J]. International Journal of Hydrogen Energy, 2020, 45: 9344−9356.

[66] CHEN S, WANG C L, LIU S, et al. Boosting hydrazine oxidation reaction on CoP/Co Mott−Schottky electrocatalyst through engineering active sites[J]. Journal of Physical Chemistry Letters, 2021, 12(20): 4849−4856.

[67] XIANG K, WANG Y J, ZHUANG Z C, et al. Self−healing of active site in $Co(OH)_2$/MXene electrocatalysts for hydrazine oxidation[J]. Journal of Materials Science & Technology, 2024, 203: 108−117.

[68] WANG X H, YUAN R, YIN S B, et al. Ultrathin $Co_{0.5}NiS$ nanosheets for hydrazine oxidation assisted nitrite reduction[J]. Advanced Functional Materials, 2024, 34(8): 202310288.

[69] REN L L, XIE E R, QIAO Y L, et al. Fabrication of a porous $Co_{0.85}Se$/rGO composite for efficient hydrazine oxidation[J]. Ionics, 2023, 29(11): 4817−4824.

[70] WANG W, WANG Y H, LIU S J, et al. Carbon−supported phosphatized CuNi nanoparticle catalysts for hydrazine electrooxidation[J]. International Journal of Hydrogen Energy, 2019, 44(21): 10637−10645.

[71] ZHANG X Y, SHI S, YIN H M. CuPd alloy oxide nanobelts as electrocatalyst towards hydrazine oxidation[J]. ChemElectroChem, 2019, 6(5): 1514−1519.

[72] ZHANG C X, YUAN W J, WANG Q, et al. Single Cu atoms as catalysts for efficient hydrazine oxidation reaction[J]. ChemNanoMat, 2020, 6(10): 1474−1478.

[73] HUSSAIN S, AKBAR K, VIKRAMAN D, et al. Cu/MoS$_2$/ITO based hybrid structure for catalysis of hydrazine oxidation[J]. RSC Advances, 2015, 5(20): 15374−15378.

[74] GAO H, WANG Y, XIAO F, et al. Growth of copper nanocubes on graphene paper as free-standing electrodes for direct hydrazine fuel cells[J]. Journal of Physical Chemistry C, 2012, 116(14): 7719−7725.

[75] LIU C, ZHANG H, TANG Y, et al. Y. Controllable growth of graphene/Cu composite and its nanoarchitecture-dependent electrocatalytic activity to hydrazine oxidation[J]. Journal of Materials Chemistry, 2014, 2(13): 4580−4587.

第二章

催化剂的表征及电化学性能测试

第一节 催化电极的表征方法

一、X射线衍射（XRD）

实验采用德国 Bruker 的 D8 Advance 型 X 射线衍射仪对合成的钛片负载多孔银膜、不锈钢纤维毡负载钴电极、多壁碳纳米管修饰不锈钢纤维毡负载钴电极、泡沫铜负载铜纳米棒列阵电极材料进行物相分析，测试条件：Cu 靶，K_α 作为 X 射线源，最大输出功率为 3kW，最大管电压为 40kV，最大管电流为 40mA，入射光波长为 1.54Å，扫描速度为 10°/min，步长为 0.01°。

二、扫描电子显微镜（SEM）

实验采用日本日立生产的 Hitachi SU-70 型扫描电子显微镜对合成的电极材料的微观形貌进行表征，最高加速电压为 30kV，最高分辨率为 0.8nm。

三、透射电子显微镜（TEM）

实验采用美国 FEI 公司生产的 FEI Tecnai G2 F20 对合成的催化电极进行了 TEM 测试，以获得催化电极的微观形貌、颗粒尺寸等信息。放大倍数可达 100 万倍，加速电压为 200kV。

四、X 射线光电子能谱（XPS）

实验采用型号为 ESCLAB 250Xi 的 X 射线光电子能谱仪对合成的催化材料进行 XPS 测试，获取元素价态与相对含量等信息。

第二节　电化学性能测试

实验采用上海辰华 CHI 760E 电化学工作站对合成的催化剂进行电化学性能测试。催化剂的电催化性能测试在三电极系统中进行，其中合成的钛片负载多孔银膜、不锈钢纤维毡负载钴电极、多壁碳纳米管修饰不锈钢纤维毡负载钴电极或泡沫铜负载铜纳米棒列阵电极为工作电极，1cm×2cm 的铂片为对电极，饱和银—氯化银电极为参比电极。若无特别说明，实验均在室温下进行。所有的电势均相对于饱和银—氯化银参比电极而言。电流密度均相对于电极的几何面积而言。

一、循环伏安测试

循环伏安法（Cyclic Voltammetry，CV）是对样品进行三角波电压循环扫描，得到响应电流与电压的关系曲线。在此关系图中可以展示出某一电位下电极表面的电化学行为，电极反应的可逆性、难易程度、倍率性能等。实验利用循环伏安法对所制备的催化剂催化肼电氧化性能进行了研究。

二、计时电流测试

计时电流法（Chronoamperometry，CA）对研究电极施加一个稳定的电压，使电极处于特定电位下，测量并记录电流随时间的变化，从而判断研究电极性能。实验利用计时电流法对制备的电极材料的催化稳定性进行了测试。

三、电化学阻抗测试

电化学阻抗测试（Electrochemical Impedance Spectroscopy，EIS）是控制电极电位（或电流），施加一个扰动电位（电流）使之按正弦波规律随时间变化。从阻抗图中能够分析电极反应的动力学以及得到溶液电阻、电化学反应电阻等信息。测试频率范围为 $0.1 \sim 10^5$ Hz，振幅为 5mV。

第三章

钛片负载多孔银膜电极用作肼氧化电催化剂

以纯氢为阳极燃料的质子交换膜燃料电池（PEMFC）具有能量密度高、工作温度低、不存在电解液泄漏问题等优点，被认为是最具有发展前景的燃料电池之一。然而，高昂的成本和纯氢在运输和储存过程中存在的危险性制约了PEMFC的发展。基于上述原因，醇类（甲醇、乙醇、乙二醇）、甲酸、硼氢化钠、过氧化氢、肼等被用来代替纯氢气作为燃料电池的阳极燃料。

肼作为直接肼燃料电池（DHFCs）阳极燃料的优势主要体现在以下几个方面：①肼在碱性介质中电氧化只生成氮气和水，不产生温室气体排放。因此，DHFCs可以实现零排放。②在碱性溶液中电氧化肼时，不存在导致催化剂活性降低的中间产物，可以保证DHFCs的催化剂活性和寿命。③与直接甲醇燃料电池相比，DHFCs的理论电动势要高得多。

阳极催化剂被认为是影响DHFCs性能的重要因素。根据文献报道，许多金属材料包括贵金属（Pt、Pd、Au、Ag）和过渡金属（Ni、Co、Cu）被用作DHFCs的阳极催化剂。在这些金属中，Ag作为最廉价的贵金属，通常被用作肼氧化电催化剂。这是因为Ag具有较高的电导率和稳定的物理化学性质，能稳定存在于碱性溶液中。

肼电氧化反应发生在固—液界面上，并伴随着气体产物的生成。鉴于肼氧化反应的特点，阳极催化剂必须具有较大的催化面积和良好的传质性能。近年来，多孔材料引起了科研工作者的兴趣，并被广泛应用于燃料电池、锂离子电池、超级电容器和生物传感器等领域。这种独特的多孔结构可以增大催化剂的比表面积，提供更多的活性位点，有利于电解液与电极表面的充分接触，加快电解液－电极界面反应的速率。然而，据我们所知，目前还没有将三维（3D）多孔银电极应用于催化领域的研究。

通过简单且形貌可控的方法合成 3D 多孔电极至关重要。Shin 等人提出利用模板法制备三维多孔材料。在阴极上，金属离子的电化学还原反应和析氢反应同时发生。金属的电沉积只能发生在氢气泡的空隙中，形成 3D 多孔结构。氢气泡模板法克服了传统模板法制备和去除模板复杂、成本昂贵等缺点。

一般而言，常规的电极制备过程为：将催化剂粉末与粘结剂均匀混合形成悬浮液，然后将悬浮液涂覆在集流体上。这种电极的弱点在于催化剂的利用率和电导率较低，因为聚合物粘结剂的引入可能会使一些催化剂无法接触到电解液。因此，下文以氢气泡为模板，在不添加高分子粘结剂或表面活性剂的条件下，在钛片基底表面直接电沉积多孔银膜（命名为 Ag/Ti 电极）。所制备的具有多孔结构的 Ag/Ti 电极对肼在碱性溶液中的氧化具有优良的电催化活性。

第一节　钛片负载多孔银膜电极的制备

一、钛片基底的预处理

钛片依次在丙醇、乙醇、超纯水中各超声 15min，用大量蒸馏水洗净。再将钛片置于蒸馏水∶硝酸∶氢氟酸体积比为 5∶4∶1 的混酸中浸泡 1min，然后用大量超纯水洗涤钛片，在干燥箱中干燥备用。

二、钛片负载多孔银膜电极的制备

根据 Cherevko 等人提出的制备工艺，在 0.015mol/L Ag_2SO_4、1.5mol/L KSCN、2mol/L NH_4Cl 中，采用恒电流沉积法在钛片表面沉积多孔银膜（Ag/Ti）。沉积温度为 22℃，沉积电流为 $-2A/cm^2$，沉积时间为 40s。制备过程在三电极中完成，以 1cm×1cm 的预处理后的钛片为工作电极，Ag/AgCl（KCl 饱和溶液）为参比电极，以 1cm×2cm 铂片为对电极。

第二节　钛片负载多孔银膜电极的物相表征

一、SEM 表征

图 3-1 给出了不同放大倍数下 Ag/Ti 电极的 SEM 图。从图 3-1（a~b）可以看出，所制备的银电极具有三维多孔结构，孔呈现类似椭圆的形状。从图可以观察到孔径分布在 20~60 μm 之间。图 3-1（c~d）展示了孔壁放大的 SEM 图，可以发现尺寸为 50~90nm 的 Ag 颗粒相互连接形成三维结构。图 3-1（e~f）所示为图 3-1b 中 Ag/Ti 电极对应的 Ag、Ti 元素分布图。结果表明，Ag 在 Ti 片表面呈多孔状分布，与 Ag/Ti 电极的形貌一致，表明 Ag 在 Ti 片表面分布均匀。EDX 分析（图 3-1g）表明 Ag/Ti 电极由 Ag 和 Ti 元素组成。Ag 元素的密集峰揭示了 Ag 的高负载量。Ti 元素的峰归属于 Ti 片基体。

二、XRD 表征

为保证制备的银膜不含杂质，对其进行了 XRD 测试。所制备的样品首先在真空中干燥，然后将样品粉末从 Ti 片基底上刮下来进行 XRD 测试，以消除 Ti 基底的影响。图 3-2 给出了 Ag/Ti 电极的 XRD 谱图。在 38.04°、44.24°、64.42° 和 77.4° 处出现的四个尖锐峰分别归属于银（JCPDS NO. 04-0783）的（111）、（200）、（220）和（311）晶面。同时，在实验图谱中没有观察到 Ag_2O 和 AgO 等物质的峰。实验数据表明，在 Ti 片基体上电沉积了具有面心立方相的 Ag 颗粒。

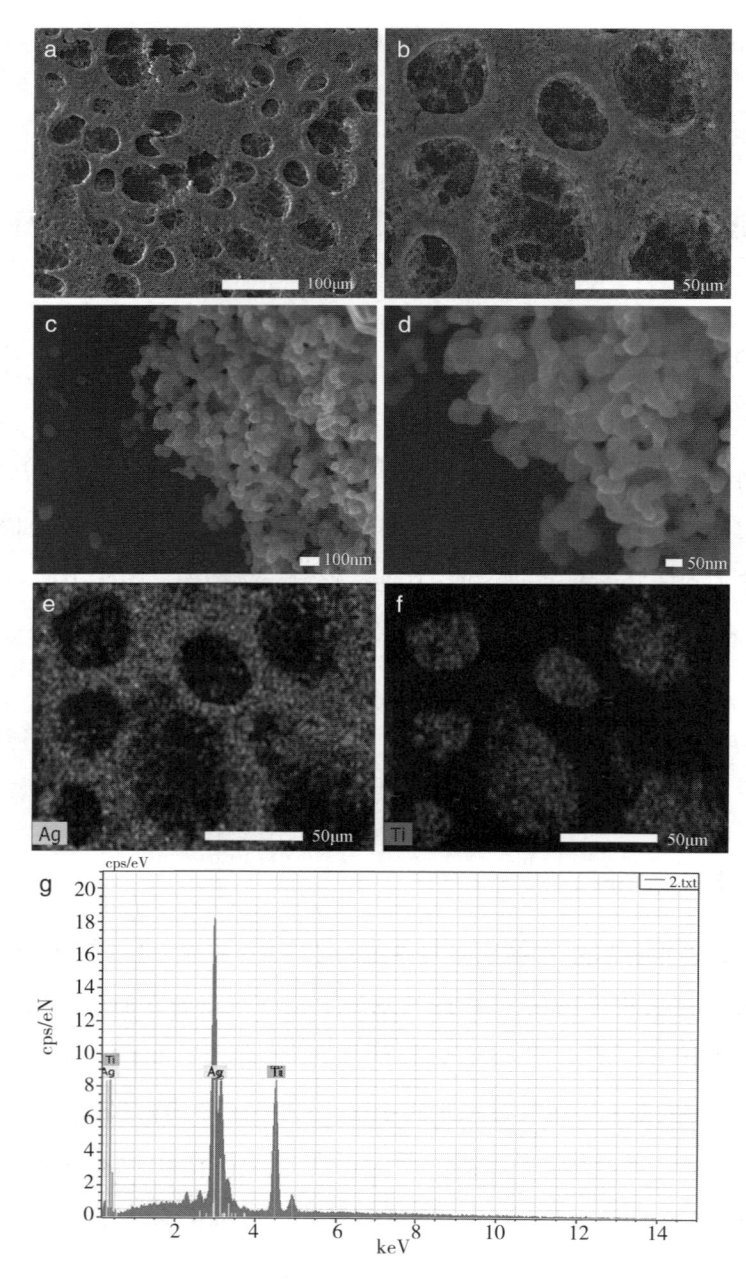

图 3-1 不同放大倍数（a~d）的 Ag/Ti 电极的 SEM 图；Ag/Ti 电极中对应 Ag 和 Ti 元素的 EDX 图（e-f）和 Ag/Ti 的 EDX 谱图（g）

图 3-2　Ag/Ti 电极的 XRD 图

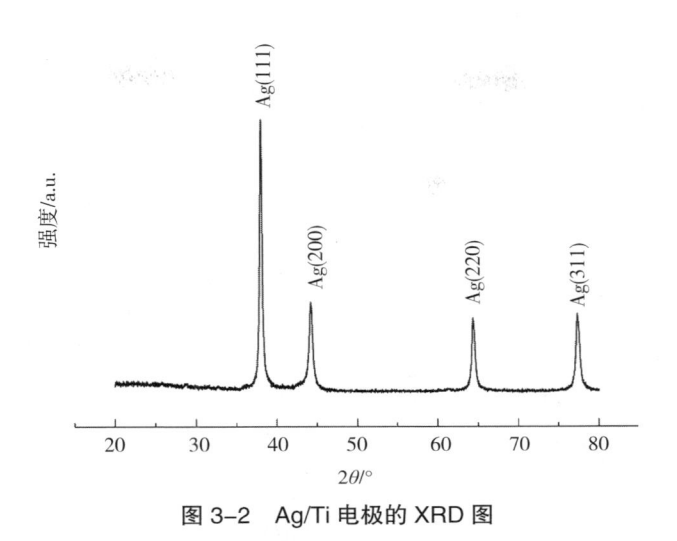

第三节　电化学性能测试

一、循环伏安测试

图 3-3A 给出了多孔 Ag/Ti 样品在 1.0mol/L KOH 和 1.0mol/L KOH + 20.0mmol/L N_2H_4 溶液中的循环伏安曲线。在 1.0mol/L KOH 中，没有观察到明显的氧化峰或还原峰出现，说明在 −0.8~0V 电位范围下，银不能转化为低价态或高价态的氧化银。加入适量的肼后，在 −0.2V 左右出现一个明显的氧化峰，此峰归属于肼在 Ag/Ti 电极上的电氧化。对应的氧化峰电流密度达到 7.7mA/cm^2。

另外，为了验证 Ti 基底是否具有催化肼电氧化的能力，测试了 Ti 基底在 1.0mol/L KOH + 20.0mmol/L N_2H_4 中的循环伏安曲线，如图 3-3B 所示。显然，Ti 片基底对肼电氧化没有电催化活性，表明 Ag 是电催化活性物种。

值得注意的是，包括扫描速度、肼浓度和 OH$^-$ 浓度等因素都会影响催化剂对肼电氧化的电催化性能。因此，由于扫描速度、肼浓度和 OH$^-$ 浓度存在差异，我们没有将所制备的 Ag/Ti 电极与文献报道的其他 Ag 电极在肼氧化的电催化性能方面进行比较。

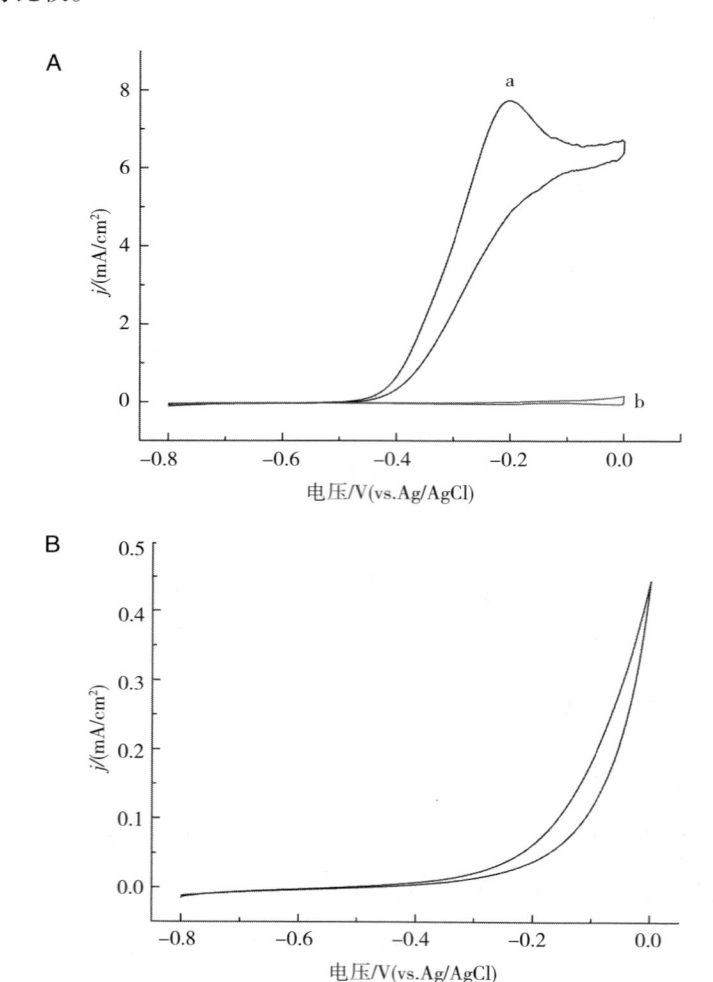

图 3-3 （A）Ag/Ti 电极在 1.0mol/LKOH + 20.0mmol/LN$_2$H$_4$（a）和 1.0 mol/L KOH（b）中循环伏安曲线；（B）Ti 基底在 1.0mol/LKOH + 20.0mmol/LN$_2$H$_4$ 中循环伏安曲线

二、恒电位测试

一般用计时电流曲线来表征一个电极稳定性。图 3-4 为 Ag/Ti 电极在 1.0 mol/L KOH+20.0 mmol/L N$_2$H$_4$ 溶液中不同电位下的计时电流曲线。随着电位的增大，电流密度增大，造成这一结果的原因是更高的电位会导致更高的过电位和更快的反应速率。每个电位下的电流密度在最初的几十秒内达到稳定状态，然后在剩余的时间内几乎不变，表明 Ag/Ti 电极对肼的电催化氧化具有很好的稳定性。在反应初期，电流密度衰减较为严重，产生这种现象的原因可能是测试过程中 Ag/Ti 电极表面的肼浓度迅速降低，而溶液本体中的肼来不及扩散所致。在 2000s，−0.35V 和 −0.25V 两个电位下电流密度分别达到 1.9mA/cm^2 和 6.1mA/cm^2。另外，−0.25V 电位下的计时电流曲线呈现一定程度的波动，造成这一现象的原因是在高过电位下肼电氧化反应加快，产生的气体对电极造成一定的干扰，使得计时电流曲线出现一定的波动。

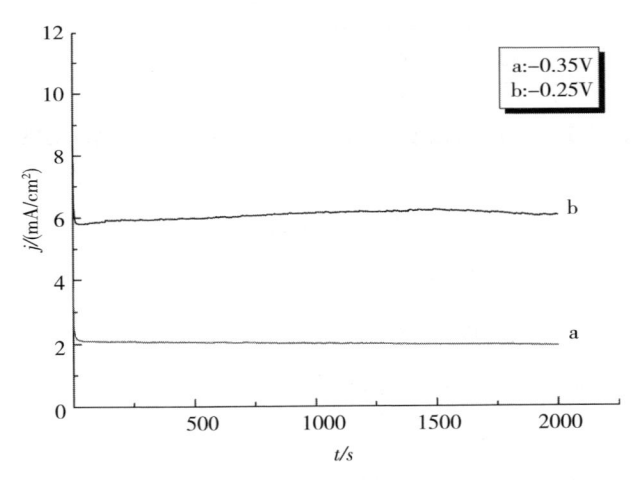

图 3-4　Ag/Ti 电极在 1.0mol/L KOH+20.0mmol/L N$_2$H$_4$ 溶液中不同电位下的计时电流曲线

三、扫描速度的影响

利用一系列在 1.0mol/L KOH+20.0mmol/L N$_2$H$_4$ 中不同扫描速度下测试的循环伏安曲线，对制得的 Ag/Ti 电极催化肼电氧化性能进行了初步研究，如图 3-5 所示。从图中可以看出，随着扫描速度的逐渐增大，肼氧化峰电流密度逐渐增大，肼氧化峰电位逐渐向正向移动，说明肼在 Ag/Ti 电极上发生电氧化是一个不可逆过程。扫描速率的增加会导致浓差极化的减弱和肼氧化峰电流密度的增大。

对于一个不可逆过程，峰电流密度 i_p 与扫描速度平方根 $v^{1/2}$ 之间具有下列关系：

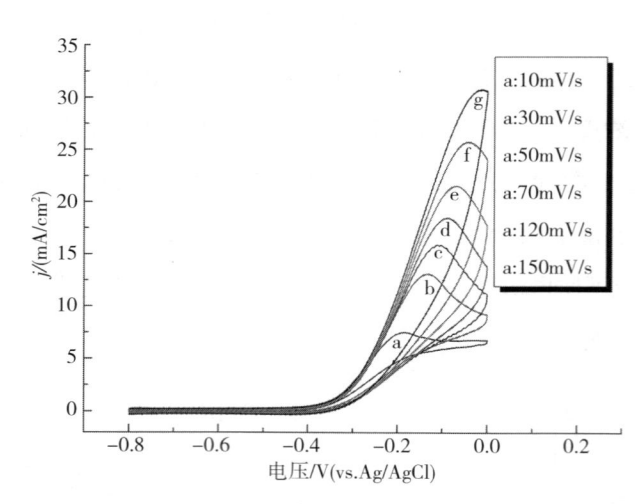

图 3-5　不同扫描速度下 Ag/Ti 电极在 1.0mol/LKOH+20.0mmol/LN$_2$H$_4$ 溶液中的循环伏安曲线

$$i_p = (2.68 \times 10^5) n (\alpha n_a)^{1/2} A C_0 D_0^{1/2} v^{1/2} \tag{3-1}$$

式中：i_p——肼氧化峰电流密度，A；

v——肼扫描速度，V/s；

n——肼氧化反应的电子转移数；

α——肼电荷传递系数；

n_a——肼电氧化反应决速步骤的电子转移数；

A——肼电极面积，cm^2；

C_0——肼的浓度，mol/cm^3；

D_0——肼的扩散系数，cm^2/s。

根据上述公式，当肼浓度 C_0 不变时，肼氧化峰电流密度随扫描速度的平方根 $v^{1/2}$ 变化。当扫描速度 $v^{1/2}$ 不变时，肼氧化峰电流密度随肼浓度 C_0 变化，表明肼在 Ag/Ti 电极上电氧化反应受扩散控制。将不同扫描速度下肼的氧化峰电流密度对扫描速度平方根作图，如图 3-6 所示。由图可知，肼的氧化峰电流密度和扫描速度的平方根呈线性关系，说明肼在 Ag/Ti 电极上的电氧化反应受扩散控制。

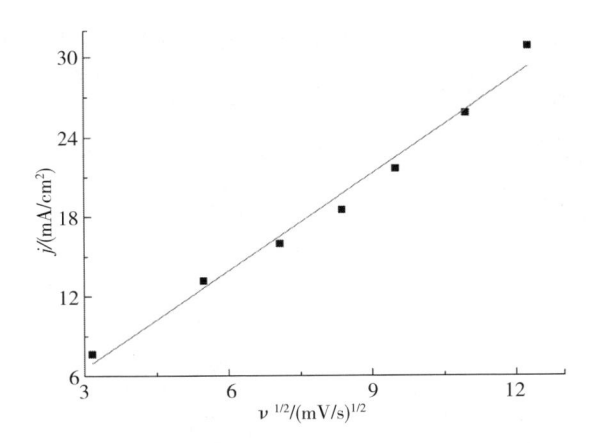

图 3-6 肼氧化峰电流密度和扫速平方根的关系曲线

四、肼浓度的影响

图 3-7 是 Ag/Ti 电极在 1.0mol/L KOH+$x$mmol/L N_2H_4（x=3.3、10、20、30）溶液中的循环伏安曲线，扫描速度为 10mV/s。从图中可以看出，肼浓度为 3.3mmol/L、10mmol/L、20mmol/L、30mmol/L 时，肼氧化峰电流密度依次为 1.05mA/cm²、4.9mA/cm²、7.8mA/cm²、11mA/cm²，当肼浓度增大时，肼氧化峰电流密度随之增大，表明肼在制备的 Ag/Ti 电极上的电氧化受扩散控制。

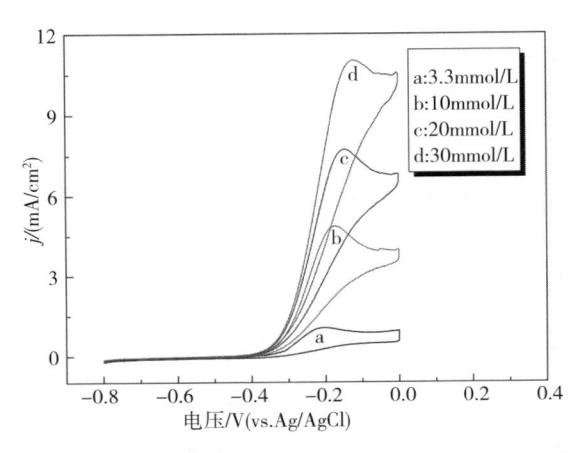

图 3-7 Ag/Ti 电极在 1.0mol/L KOH+$x$mmol/L N_2H_4（x=3.3、10、20、30）溶液中的循环伏安曲线（扫速为 10mV/s）

图 3-8 表示 –0.21V 电位下电流密度对数值 $\log j$ 与肼浓度对数值 $\log C(\mathrm{N_2H_4})$ 的关系曲线。由图 3-8 可清楚地看出，电流密度对数值与肼浓度对数值之间存在线性关系，根据式（3-2），可通过直线斜率得到反应级数 n 的数值。直线的斜率为 0.9，表明肼在 Ag/Ti 电极上的电氧化反应相对于肼符合一级反应动力学。

$$n_\mathrm{i} = \left(\frac{\partial \log j}{\partial \log C_i}\right)_{E_j C_j} \tag{3-2}$$

式中：n_i——反应级数；

j——–0.21 V 下的电流密度，$\mathrm{mA/cm^2}$；

C——肼的浓度，mol/L。

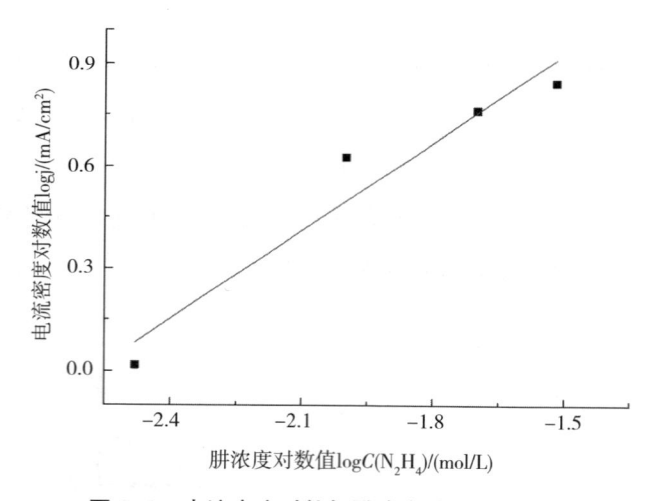

图 3-8　电流密度对数与肼浓度对数的关系图

五、温度的影响

肼氧化反应速率与温度有关。因此，为讨论温度对 Ag/Ti 电极催化肼电氧化活性的影响，进行了不同温度下的循环伏安测试，如图 3-9 所示。研究发现，温度升高导致肼氧化峰电流密度逐渐增大，肼氧化峰电位逐渐负移，说明升高温度有利于提高 Ag/Ti 电极催化肼电氧化活性。

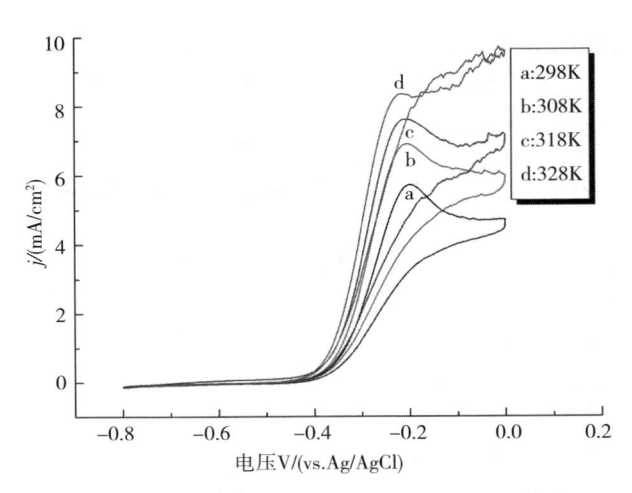

图 3-9　Ag/Ti 电极在 1.0 mol/L KOH+20.0 mmol/L N_2H_4 溶液中不同反应温度下的循环伏安曲线（扫描速度为 10 mV/s）

活化能可视为评价催化剂催化性能的重要指标之一。可通过阿累尼乌斯公式（3-3）求算肼氧化反应表观活化能 E_a。

$$\ln j = -E_a/RT + \ln A \qquad (3-3)$$

式中：$\ln j$——给定电位下电流密度的对数，mA/cm²；

E_a——表观活化能，kJ/mol；

R——理想气体常数；

T——绝对温度，K；

A——指前因子；

R——摩尔气体常数。

图 3-10 表示不同电位下电流密度对数值 $\ln j$ 对温度倒数 $1/T$ 的线性曲线。由对应图的斜率计算出 –350mV、–300mV、–250mV 电位下的活化能分别为 21.6kJ/mol、19.7kJ/mol、14.6kJ/mol（表 3-1）。从以上数据可以看出，电位越正，E_a 数值越低。这表明多孔 Ag/Ti 电极上的肼电氧化反应在更正的电位下具有更快的反应动力学，活性位中间体 $AgOH_{ads}$ 可能参与其中。

此外，与本课题组之前制备的具有微米球结构的 Ag/CFC 电极相比，Ag/Ti

电极上肼电氧化的 E_a 要低得多，显示出高度多孔结构的优越性。

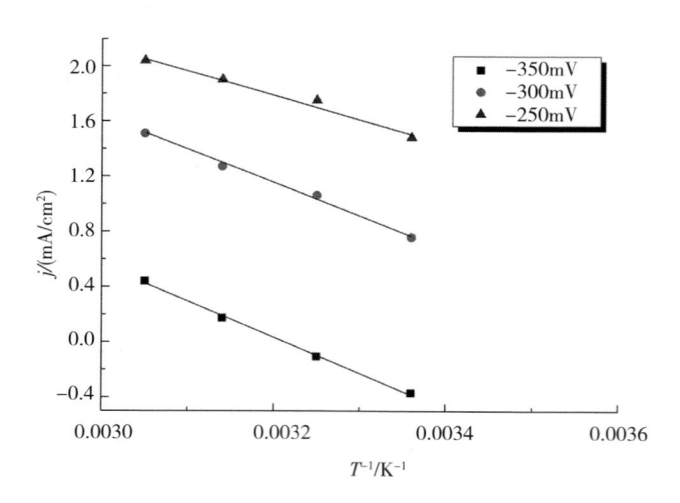

图 3-10　Ag/Ti 电极催化肼电氧化的阿累尼乌斯关系图

表 3-1　不同电位下 Ag/Ti 电极催化肼电氧化反应的表观活化

电位	活化能 /（kJ/mol）
−0.35	21.6
−0.30	19.7
−0.25	14.6

六、阻抗测试

为了更深入地研究 Ag/Ti 电极催化肼电氧化性能，本实验进行了 EIS 测试。图 3-11 中的曲线是 Ag/Ti 电极在 1mol/L KOH+20mmol/L N_2H_4 溶液中在 −0.35V、−0.30V 和 −0.25V 电位下测试得到的电化学阻抗曲线。曲线在高频区显现出较为规则的半圆弧，随着电位的正移，半圆弧的直径减小，说明半圆弧的形成是由于催化肼电氧化过程中电荷转移引起的。而半圆的直径代表着 Ag/Ti 电极催化电氧化肼时电荷转移的电阻。曲线在低频区仅有几个散点。其原因可能是肼电氧化产生的气体释放使电解液剧烈搅动，降低了浓差极化的影响。

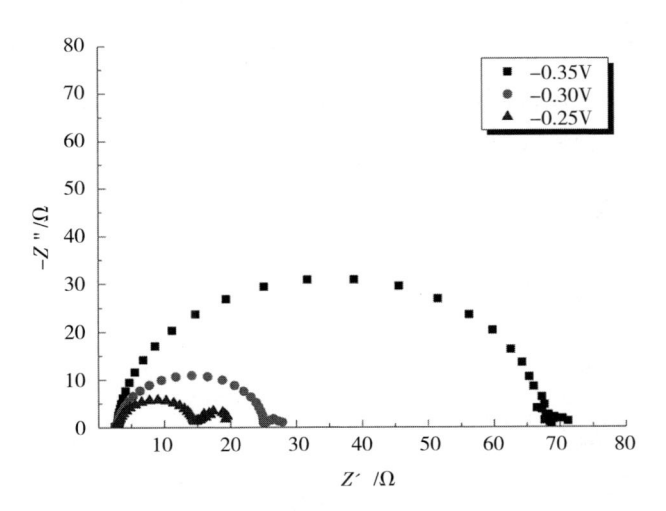

图 3-11 Ag/Ti 电极在不同电位下的电化学阻抗曲线

七、转移电子数的测定

肼可以通过两种不同的途径电氧化生成氮气。第一种是直接电氧化途径［式（3-4）］；另一种是间接电氧化途径，即肼分解形成氢气［式（3-5）］，然后氢气在碱性介质中电氧化生成水［式（3-6）］。虽然两种电氧化途径的机理不同，但它们具有相同的总反应方程，实现了四电子氧化。但在实际应用中，肼的电氧化可能通过其他方式发生［式（3-7）］和［式（3-8）］，分别实现三电子、二电子氧化，说明肼氧化不完全，肼利用效率较低。

$$N_2H_4 + 4OH^- \longrightarrow 4H_2O + 4e \quad (3-4)$$

$$N_2H_4 \longrightarrow N_2 + 2H_2 \quad (3-5)$$

$$2H_2 + 4OH \longrightarrow 4H_2O + 4e \quad (3-6)$$

$$H_2N_4 + 3OH^- \longrightarrow N_2 - (1.2)H_2 + 3H_2O + 3e \quad (3-7)$$

$$N_2H_4 + 2OH^- \longrightarrow N_2 + 2H_2O + 3e \quad (3-8)$$

基于法拉第定律，得到了四电子、三电子和二电子肼氧化反应的理论气体生成速率与施加的电流密度的关系，如图 3-12 所示。本实验中利用排水法测量了不同电流密度下肼在 Ag/Ti 电极上电氧化的气体生成速率，用三角形符号表示，如图 3-12 所示。肼在 Ag/Ti 电极上的电氧化遵循四电子氧化机理，说明肼在 Ag/Ti 电极上完全氧化，肼的利用率较高。

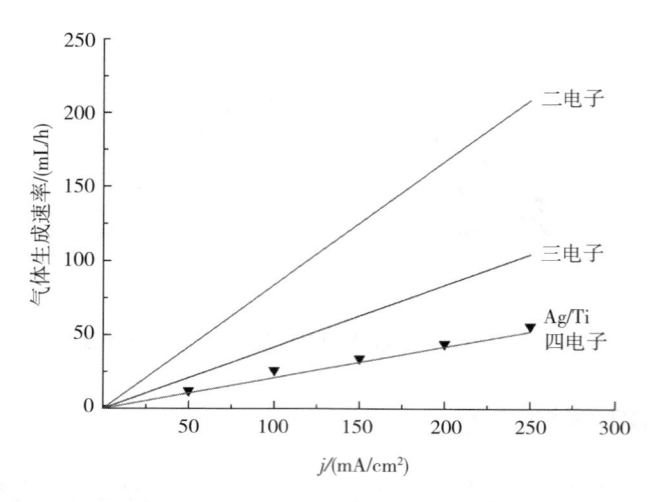

图 3-12 不同电流密度下肼在 Ag/Ti 电极上电氧化的气体生成速率

本章小结

本章采用氢气泡模板法在 Ti 片上成功沉积了一层多孔银膜，并利用 XRD、SEM、EDX 等表征手段对 Ag/Ti 电极的形貌和物相组成进行了表征，同时对 Ag/Ti 电极催化肼电氧化性能进行了测试。

电化学测试结果表明，Ag/Ti 电极具有优异的电催化活性和稳定性，较低的电荷转移电阻和较低的表观活化能。这可能是由于该电极具有独特的多孔结构，使得电极具有良好的传质特性，提升电解质-电极界面反应速率。研究发现，肼在 Ag/Ti 电极上的电氧化反应相对于肼符合一级反应动力学，并且在更正的电位下更容易发生，活性位点介质 $AgOH_{ads}$ 可能参与其中。肼的电氧化反应遵循四电子氧化机理，表明其具有较高的燃料利用效率。多孔 Ag/Ti 电极制备简单，具有优异的电催化活性和稳定性，有望成为肼电氧化催化剂。

参考文献

[1] WU H W. A review of recent development: Transport and performance modeling of PEM fuel cells[J]. Applied Energy, 2016, 165: 81-106.

[2] BANHAM D, YE S, PEI K, et al. A review of the stability and durability of non-precious metal catalysts for the oxygen reduction reaction in proton exchange membrane fuel cells[J]. Journal of Power Sources, 2015, 285: 334-348.

[3] ZHANG F B, JIANG J X, NI Y. Synthesis of Pd/C composites from $PdCl_2$ and β-CD as a catalyst in methanol oxidation[J]. Materials Science and Enginnering B-Advanced Functional Solid-State Materials, 2014, 190: 90-95.

[4] YOUSEF A, BROOKS R M, ELHALWANY M M, et al. Fabrication of electrical conductive NiCu- carbon nanocomposite for direct ethanol fuel cells[J]. International Journal of Electrochemical Science, 2015, 10 (9): 7025-7032.

[5] LIVSHITS V, PELED E. Progress in the development of a high-power, direct ethylene glycol fuel cell (DEGFC)[J]. Journal of Power Sources, 2006, 162: 1187-1191.

[6] LIU C T, CHEN M, DU C Y, et al. Durability of ordered mesoporous carbon supported Pt particles as catalysts for direct formic acid fuel cells[J]. International Journal of Electrochemical Science, 2012, 7(11): 10592-10606.

[7] OLU P Y, JOB N, CHATENET M. Evaluation of anode (electro)catalytic materials for the direct borohydride fuel cell: Methods and benchmarks[J]. Journal of Power Sources, 2016, 327: 235-257.

[8] EHTESHAMI S M M, ASADNIA M, TAN S N. Paper-based membraneless hydrogen peroxide fuel cell prepared by micro-fabrication[J]. Journal of Power Sources, 2016, 301: 392-395.

[9] SEROV A, PADILLA M, ROY A J, et al. Anode catalysts for direct hydrazine

fuel cells: from laboratory test to an electric vehicle[J]. Angewandte Chemie-International Edition, 2014, 53(39): 10336–10339.

[10] LIU X, LI Y, CHEN N, et al. Ni_3S_2@Ni foam 3D electrode prepared via chemical corrosion by sodium sulfide and using in hydrazine electro-oxidation[J]. Electrochimica Acta, 2016, 213: 730–739.

[11] WANG X L, ZHENG Y X, JIA M L, et al. Formation of nanoporous NiCuP amorphous alloy electrode by potentiostatic etching and its application for hydrazine oxidation[J]. International Journal of Hydrogen Energy, 2016, 41(20): 8449–8458.

[12] MA Y Y, WANG H, KEY J, et al. Control of CuO nanocrystal morphology from ultrathin "willow-leaf" to "flower-shaped" for increased hydrazine oxidation activity[J]. Journal of Power Sources, 2015, 300: 344–350.

[13] KODERA T, HONDA M, KITA H. Electrochemical behaviour of hydrazine on platinum in alkaline solution[J]. Electrochimica Acta, 1985, 30: 669–675.

[14] LI F M, JI Y G, WANG S M. Ethylenediaminetetraacetic acid mediated synthesis of palladium nanowire networks and their enhanced electrocatalytic performance for the hydrazine oxidation reaction[J]. Electrochimica Acta, 2015, 176: 125–129.

[15] DUDIN P V, UNWIN P R, MACPHERSON J V. Electro-oxidation of hydrazine at gold nanoparticle functionalised single walled carbon nanotube network ultramicroelectrodes[J]. Physical Chemistry Chemical Physics, 2011, 13(38): 17146–17152.

[16] YANG G W, GAO G Y, WANG C, et al. Controllable deposition of Ag nanoparticles on carbon nanotubes as a catalyst for hydrazine oxidation[J]. Carbon, 2008, 46(5): 747–752.

[17] JEON T Y, WATANABE M, MIYATAKE K. Carbon segregation-induced

highly metallic Ni nanoparticles for electrocatalytic oxidation of hydrazine in alkaline media[J]. ACS Applied Materials & Interfaces, 2014, 6(21): 18445-18449.

[18] SANABRIA-CHINCHILLA J, ASAZAWA K, SAKAMOTO T, et al. Noble metal-free hydrazine fuel cell catalysts: EPOC effect in competing chemical and electrochemical reaction pathways[J]. Journal of the American Chemical Society, 2011, 133(14): 5425-5431.

[19] HUSSAIN S, AKBAR K, VIKRAMAN D, et al. Cu/MoS2/ITO based hybrid structure for catalysis of hydrazine oxidation[J]. RSC Advances, 2015, 5(20): 15374-15378.

[20] DONG B, HU W H, ZHANG X Y, et al. Facile synthesis of hollow SnO_2 nanospheres uniformly coated by Ag for electro-oxidation of hydrazine[J]. Materials Letters, 2017, 189: 9-12.

[21] HE C G, LIU Z X, LU Y. Graphene-supported silver nanoparticles with high activities toward chemical catalytic reduction of methylene blue and electrocatalytic oxidation of hydrazine[J]. International Journal of Electrochemical Science, 2016, 11(11): 9566-9574.

[22] HOSSEINI M, MOMENI M M. Silver nanoparticles dispersed in polyaniline matrixes coated on titanium substrate as a novel electrode for electro-oxidation of hydrazine[J]. Journal of Materials Science, 2010, 45(12): 3304-3310.

[23] SHARMA D K, OTT A, O'MULLANE A P. The facile formation of silver dendritic structures in the absence of surfactants and their electrochemical and SERS properties[J]. Colloids and Surfaces A-Physicochemical and Engineering Aspects, 2011, 386(1-3): 98-106.

[24] HU W H, SHANG X, ZHANG X Y, et al. Facile synthesis of ternary Ag/C/SnO_2 hollow spheres with enhanced activity for hydrazine electro-oxidation[J].

Materials Letters, 2016, 185: 346–350.

[25] GUO F, CAO D X, DU M M, et al. Enhancement of direct urea–hydrogen peroxide fuel cell performance by three–dimensional porous nickel–cobalt anode[J]. Journal of Power Sources, 2016, 307: 697–704.

[26] WU H, DU N, WANG J Z. Three–dimensionally porous Fe_3O_4 as high–performance anode materials for lithium–ion batteries[J]. Journal of Power Sources, 2014, 246: 198–203.

[27] JEONG M G, ZHUO K, CHEREVKO S. Facile preparation of three–dimensional porous hydrous ruthenium oxide electrode for supercapacitors[J]. Journal of Power Sources, 2013, 244: 806–811.

[28] CHEN M, HOU C J, HUO D Q, et al. A sensitive electrochemical DNA biosensor based on three–dimensional nitrogen–doped graphene and Fe_3O_4 nanoparticles[J]. Sensors and Actuators B–Chemical, 2017, 239: 421–429.

[29] SHIN H C, DONG J, LIU M. Nanoporous structures prepared by an electrochemical deposition process[J]. Advanced Materials, 2003, 15(19): 1610–1614.

[30] SHIN H C, LIU M. Copper foam structures with highly porous nanostructured walls[J]. Chemistry of Materials, 2004, 16(25): 5460–5464.

[31] AICH S, MISHRA M K, SEKHAR C, et al. Synthesis of Al–doped Nano Ti–O scaffolds using a hydrothermal route on Titanium foil for biomedical applications[J]. Materials Letters, 2016, 178: 135–139.

[32] CHEREVKO S, XING X L, CHUNG C H. Electrodeposition of three–dimensional porous silver foams[J]. Electrochemistry Communications, 2010, 12(3): 467–470.

[33] CAO D X, SUN L M, WANG G L, et al. Kinetics of hydrogen peroxide electroreduction on Pd nanoparticles in acidic medium[J]. Journal of

Electroanalytical Chemistry, 2008, 621(1): 31-37.

[34] GHANBARI K. Fabrication of silver nanoparticles‐polypyrrole composite modified electrode for electrocatalytic oxidation of hydrazine[J]. Synthetic Metals, 2014, 195: 234-240.

[35] LIU R, YE K, GAO Y Y, et al. Ag supported on carbon fiber cloth as the catalyst for hydrazine oxidation in alkaline medium[J]. Electrochimica Acta, 2015, 186: 239-244.

[36] YIN W X, LI Z P, ZHU J K, et al. Effects of NaOH addition on performance of the direct hydrazine fuel cell[J]. Journal of Power Sources, 2008, 182(2): 520-523.

第四章

泡沫镍负载钴电极用作肼氧化电催化剂

随着科技的进步，不可再生能源枯竭的问题也日益凸显，鉴于当前能源形势，开发新型能源已成为我们必须正视的关键问题，全球科研人员正积极寻找稳定、无害且可持续利用的新能源转换装置。在当前的时代背景下，直接肼燃料电池的发展正受到越来越多的关注。首先，直接肼燃料电池的理论电动势高（1.56V）。其次，肼仅由氮和氢组成，肼完全反应后仅转化为氮气和水，避免了二氧化碳的排放，从而减轻了温室效应。并且，由于肼中不含碳，其电氧化过程不会生成毒化催化剂的物质，确保了催化剂的高活性。

电催化剂是直接肼燃料电池的重要组成部分，直接影响电池的各项性能。目前催化剂主要以铂等贵金属为主，费用高，不利于肼燃料电池实现商业化。寻求价廉、高效的非贵金属电催化剂，成为该领域研究新方向。近年来，高效过渡金属催化剂（Ni、Co、Cu）的研究逐渐发展起来。

2009 年，Aszawa 和他的研究团队以过渡金属 Co、Ni 以及贵金属 Pt 分别作为直接肼燃料电池阳极催化剂，比照它们的能量密度大小。研究表明，以 Ni 作为阳极催化剂的电池能量密度最大，Co 的能量密度次之，Pt 最小。有学者以多孔材料（Ni foam）为基底材料，利用电沉积法将花状 Co 粒子沉积到泡沫镍表面，制成泡沫镍负载钴电极，记为 Co NFs/Ni foam。该三维多孔电极在制备过程中，没有使用任何导电碳和聚合物粘结剂。该研究利用多种电化学测试方法对材料的催化性能进行测试后发现，Co NFs/Ni foam 拥有非常出色的催化性能。在 1mol/L NaOH+0.03mol/L N_2H_4 中，–0.8V 下，Co NFs/Ni foam 上肼氧化电流密度可以达到

140 mA/cm², 而 Pt/Ni foam 上肼氧化电流密度仅为 42 mA/cm²。Co NFs/Nifoam 上肼氧化的初始电位可达 −1.06V。这些优良性能是由于该材料具有独特的三维多孔结构，这确保了催化剂具有优良的催化性能。因此，金属钴有望成为一种有潜力的催化肼电氧化催化剂。

以下研究以多孔材料泡沫镍（Ni foam）为基底材料，采用方波电势脉冲电沉积方法制备泡沫镍负载钴电极，记为 Co/NF。探究制备催化剂的最佳条件，以期制备出一种性能优良的可用于直接肼燃料电池的阳极催化剂。

第一节　泡沫镍负载钴电极的制备

一、泡沫镍基底的预处理

将面积为 1cm×1cm 泡沫镍基底依次置于丙酮、6mol/L 盐酸中，超声 15min 左右，用大量蒸馏水洗净，在干燥箱中干燥备用。

二、泡沫镍负载钴电极的制备

采用经典的方波电势脉冲电沉积方法制备泡沫镍负载钴电极。Co/NF 电极的制备在三电极体系中完成，其中工作电极为预处理后的 NF，参比电极为饱和 Ag/AgCl 电极，辅助电极为 1cm×2cm 铂片。电解液组成为 0.03mol/L $CoSO_4$+1mol/L Na_2SO_4，氧化电位选取 −0.2V，还原电位选取 −1.1V，沉积时间选取 300s，制得 Co/NF。

第二节 电极制备工艺的优化

一、硫酸钴浓度的影响

主盐硫酸钴的浓度直接影响电活性物质钴的负载量。本研究设定硫酸钠浓度为 1mol/L，氧化电位设定为 -0.2V，还原电位设定为 -1.1V，沉积时间为 300s，选取不同浓度（0.02mol/L、0.03mol/L、0.04mol/L）硫酸钴，制取三个不锈钢纤维毡负载钴电极。图 4-1 为三个不同浓度硫酸钴条件下制得的 Co/NF 电极，在 20mmol/L N_2H_4+1mol/L NaOH 溶液中的循环伏安（CV）曲线。从图可以看到，在支持电解质硫酸钠浓度、氧化电位、还原电位及沉积时间都相同的情况下，钴盐浓度从 0.02mol/L 到 0.03mol/L 的变化过程中，肼的氧化峰值电流密度逐渐升高，当钴盐浓度变化到 0.04mol/L，肼的氧化峰值电流反而降低。Co^{2+} 浓度越大，则钴粒子在泡沫镍上负载量越大。但 Co^{2+} 浓度过大，引起钴粒子发生团聚，比表面积下降，催化活性降低，所以硫酸钴浓度为 0.03mol/L。

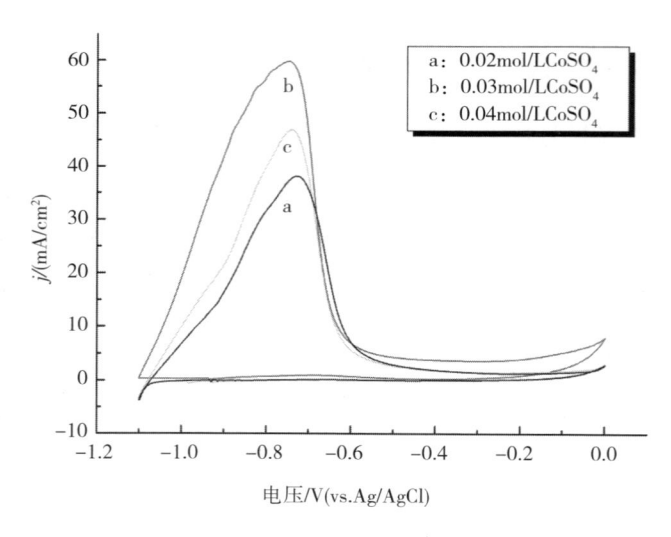

图 4-1 不同 $CoSO_4$ 浓度下制得的 Co/NF 电极的循环伏安曲线

二、氧化电位的影响

本实验设定电解液为 0.03mol/L $CoSO_4$ + 1mol/L Na_2SO_4，还原电位设定为 −1.1V，沉积时间为 300s，选取不同氧化电位（−0.1V、−0.2V、−0.3V），制取三个 Co/NF 电极。图 4-2 为三个不同氧化电位下制得的 Co/NF 电极在 20mmol/L N_2H_4+1mol/L NaOH 溶液中的循环伏安（CV）曲线。曲线 a、b、c 依次代表 −0.1V、−0.2V、−0.3V 电流下制得的 Co/NF 电极的 CV 曲线。从肼的氧化峰电流密度来看，曲线 b 的峰值电流密度明显高于 a 和 c。因此，选定氧化电流为 −0.2V。

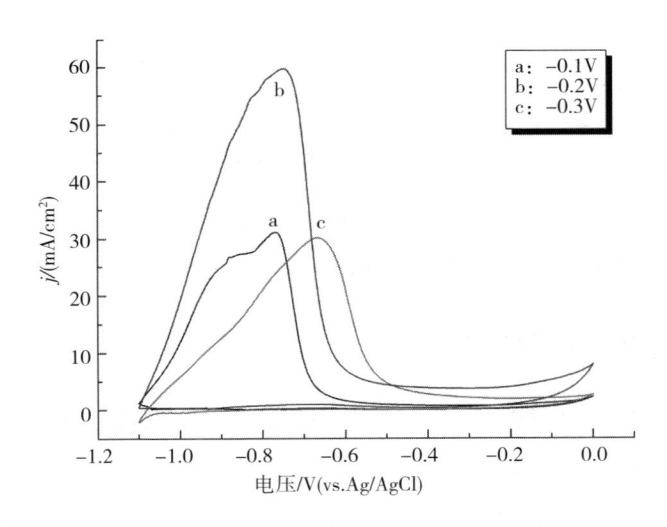

图 4-2　不同氧化电位下制得 Co/NF 电极的循环伏安曲线

三、还原电位的影响

为了研究还原电位对电沉积钴催化剂的影响，本实验设定电解液为 0.03mol/L $CoSO_4$ + 1mol/L Na_2SO_4，氧化电位设定为 −0.2V，沉积时间为 300s，选取不同还原电位（−1V、−1.1V、−1.2V），制取三个 Co/NF 电极。图 4-3 为三个不同还原电位下制得的 Co/NF 电极在 20mmol/L N_2H_4+1mol/L NaOH 溶液中的循环伏安（CV）曲线。由图可以看出，不同还原电位对钴沉积程度的影响不同，所以不同还原电位下制备的钴催化剂对肼的电催化氧化性能也不同。由图可知，从起始氧化电位、氧化峰电位以及氧化峰电流密度来看，还原电位为 –1.1V 时制备的 Co/NF 对肼氧化反应的催化效果最佳，因此选定还原电位为 –1.1V。

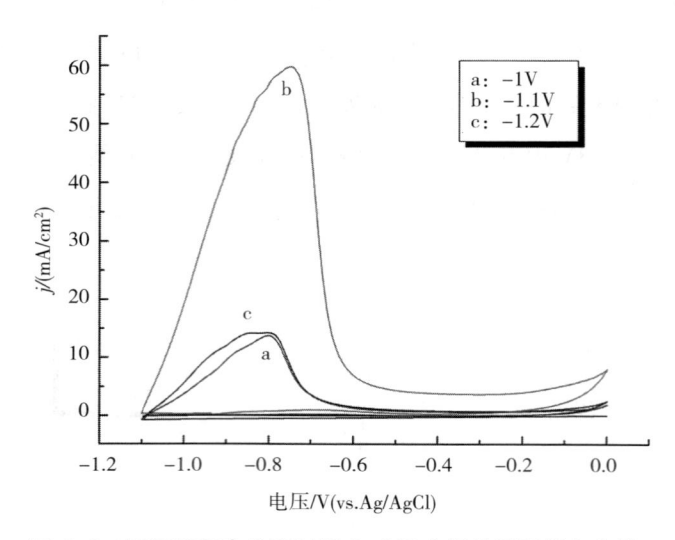

图 4-3　不同还原电位下制得 Co/NF 电极的循环伏安曲线

四、沉积时间的影响

沉积时间的长短对催化剂沉积量有影响。本实验设定电解液为 0.03mol/L $CoSO_4$ + 1mol/L Na_2SO_4，氧化电位为 –0.2V，还原电位为 –1.1V，选取不同沉积时间（200s、300s、400s）制取三个 Co/NF 电极。图 4-4 为三个不同沉积时间下制得的 Co/NF 电极在 20mmol/L N_2H_4+1mol/L NaOH 溶液中的循环伏安（CV）曲线。曲线 a、b、c 依次代表沉积时间为 200s、300s、400s 下制得的 Co/NF 电极的 CV 曲线。三条曲线中曲线 b 的起始氧化电位最低，峰值电流密度最高，可达 59.8mA/cm²。合适的沉积时间对于 Co/NF 电极的催化活性有很大影响。沉积时间较短，钴的负载量过少，活性物质过少，导致其催化活性较低。但沉积时间较长，钴的负载量过多，易造成钴颗粒的团聚，反而其催化活性降低，因此合适的沉积时间为 300s。

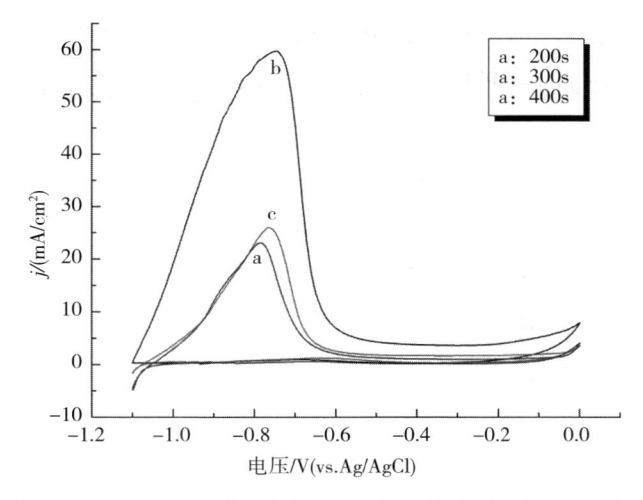

图 4-4　不同沉积时间下制得 Co/NF 电极的循环伏安曲线

第三节　电化学性能测试

一、循环伏安测试

图 4-5 给出了最优条件下制备的 Co/NF 电极在 20mmol/L N_2H_4+1mol/L NaOH 溶液中的循环伏安曲线。由图可以看出，在 –1.1V 下肼在 Co/NF 电极上开始氧化，在 –0.75V 左右出现一个明显的氧化峰，此峰归属于肼在 Co/NF 电极上的电氧化。对应的氧化峰电流密度达到 59.8mA/cm^2。

二、稳定性测试

一般用计时电流曲线来表征一个电极稳定性。图 4-6 为 Co/NF 电极在 1.0mol/L NaOH +20.0mmol/L N_2H_4 溶液中不同电位下的计时电流曲线。随着电位的增大，电流密度增大。造成这一结果的原因是更高的电位会导致更高的过电位和更快的反应速率。在反应初期，电流密度衰减较为严重，产生这种现象的原因可能是测试过程中 Co/NF 电极表面的肼浓度迅速降低，而溶液本体中的肼来不及扩散所致。在 1000s，–0.95V 和 –0.9V 两个电位下电流密度分别达到 15.6mA/cm^2 和 26.6mA/cm^2。说明本实验制得的 Co/NF 电极具有一定的催化稳定性。

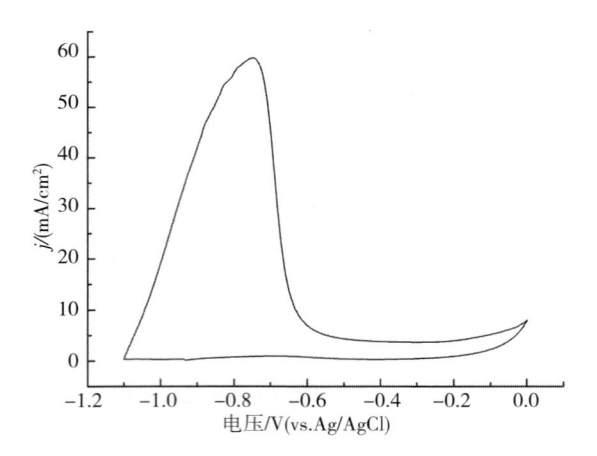

图 4–5　Co/NF 电极在 1.0mol/L NaOH + 20.0mmol/L N$_2$H$_4$ 中的循环伏安曲线

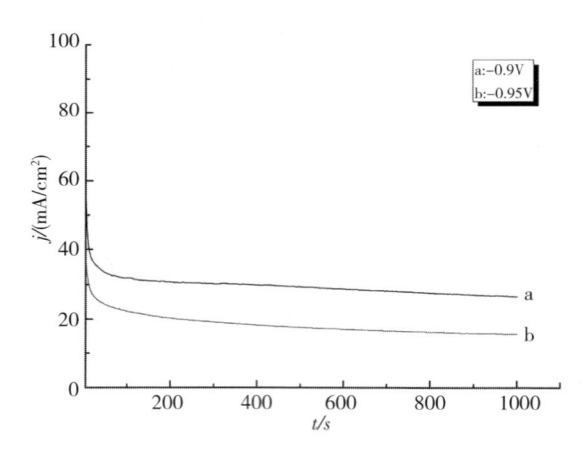

图 4–6　Co/NF 电极在 1.0mol/L NaOH+20.0mmol/L N$_2$H$_4$ 溶液中不同电位下的计时电流曲线

本章小结

本实验利用方波电势脉冲电沉积法将钴粒子沉积到泡沫镍基底表面，对 Co/NF 电极催化肼电氧化性能进行了测试。电化学测试结果表明，Co/NF 电极具有一定的电催化活性和稳定性。在 20mmol/L N$_2$H$_4$+1mol/L NaOH 溶液中。–1.1V 下肼在

Co/NF 电极上开始氧化，肼在 Co/NF 电极上氧化的峰电位为 −0.75V，峰电流密度为 59.8mA/cm^2。

参考文献

[1] SEROV A, PADILLA M, ROY A J, et al. Anode catalysts for direct hydrazine fuel cells: from laboratory test to an electric vehicle[J]. Angewandte Chemie International Edition, 2014, 53(39): 10336−10339.

[2] SHI J, SUN Q T, CHEN J X. Nitrogen contained rhodium nanosheet catalysts for efficient hydrazine oxidation reaction[J]. Applied Catalysis B: Environmental, 2024, 343:1 23561.

[3] KHALAFALLAH D, ZHI M J, HONG Z L. Development trends on Nickel−based electrocatalysts for direct hydrazine fuel cells[J]. CHEMCATCHEM, 2021, 13(1): 81−110.

[4] 劳邵江. 直接肼燃料电池的研究 [D]. 杭州：浙江大学，2010.

[5] ZHOU S Q, ZHAO Y X, SHI R, et al. Vacancy−rich MXene−immobilized Ni single atoms as a high−performance electrocatalyst for the hydrazine oxidation reaction[J]. Advanced Materials, 2022, 34(36): 2204388.

[6] FENG G, KUANG Y, LI Y J. Three−dimensional porous superaerophobic nickel nanoflower electrodes for high−performance hydrazine oxidation[J]. Nano Research. 2015, 8(10): 3365−3371.

[7] JEON T Y, WATANABE M, MIYATAKE K. Carbon segregation−induced highly metallic Ni nanoparticles for electrocatalytic oxidation of hydrazine in alkaline media[J]. ACS Applied Materials & Interfaces, 2014, 6(21): 18445−18449.

[8] LIU Q, LIAO XB, TANG YH, et al. Low−coordinated cobalt arrays for efficient hydrazine electrooxidation[J]. Energy & Environmental Science, 2022, 15(8):

3246–3256.

[9] KADAM R G, ZHANG T, ZAORALOVÁ D, et al. Single Co-atoms as electrocatalysts for efficient hydrazine oxidation reaction[J]. Small, 2021, 17(16): 2006477.

[10] JIA F L, ZHAO J H, YU X X, et al. Nanoporous Cu film/Cu plate with superior catalytic performance toward electro-oxidation of hydrazine[J]. Journal of Power Sources, 2013, 222: 135–139.

[11] HUANG J F, ZHAO S A, CHEN W, et al. Three-dimensionally grown thorn-like Cu nanowire arrays by fully electrochemical nanoengineering for highly enhanced hydrazine oxidation[J]. Nanoscale, 2016, 8(11): 5810–5814.

[12] GRANOT E, FILANOVSKY B, PRESMAN I, et al. Hydrazine/air direct-liquid fuel cell based on nanostructured copper anodes[J]. Journal of Power Sources, 2012, 204: 116–121.

[13] LU Z Y, SUN M, XU T H, et al. Superaerophobic electrodes for direct hydrazine fuel cells[J]. Advanced Materials, 2015, 27: 2361–2366.

[14] ASAZAWA K, SAKAMOTO T, YAMAGUCHI S. Study of anode catalyst and fuel concentration on direct hydrazine alkaline anion-exchange membrane fuel cells[J]. Journal of The Electrochemical Society, 2009, 156(4): B509–B512.

[15] YANG F, CHENG K, WANG G L, et al. Flower-like Co nano-particles depositedon Ni foamsubstrate as efficient noble metal-free catalyst for hydrazine oxidation[J]. Journal of Electroanalytical Chemistry, 2015, 756: 186–192.

[16] ZHU S L, CHANG C P, SUN Y Z, et al. Modification of stainless steel fiber felt via in situ self-growth by electrochemical induction as a robust catalysis electrode for oxygen evolution reaction[J]. International Journal of Hydrogen Energy, 2020, 45: 1810–1821.

第五章

多壁碳纳米管修饰不锈钢纤维毡负载钴电极用作肼氧化电催化剂

由于使用化石燃料而导致的环境恶化已经成为全人类必须面对的重大问题，寻找一种高效、清洁的能源转换技术已经成为全世界关注的话题。基于此背景，燃料电池作为一种清洁高效的发电技术，一直是人们关注的焦点。

直接肼燃料电池（DHFCs）具有以下优点：①与直接甲醇燃料电池相比，DHFCs 具有更高的理论电动势 1.56V；②肼在碱性溶液中电氧化只生成 N_2 和 H_2O，实现零排放，满足环保要求；③在肼电氧化过程中，没有生成毒化催化剂的物种。DHFCs 的显著优点表明它是一种具有潜在应用价值的新型燃料电池。然而，肼在阳极的电氧化反应是一个动力学缓慢的过程，需要在较高的过电位下进行，导致电压效率较低。因此，设计合成能够大幅降低肼电氧化反应过电位的电催化剂是提升 DHFCs 性能的关键。

目前，贵金属被认为是优良的肼电氧化催化剂。然而，其高昂的价格和有限的储量极大地阻碍了 DHFCs 的商业化进程。鉴于此，开发有望替代贵金属催化剂的高效非贵金属催化剂成为近期研究的热点问题。Asazawa 等人报道了以钴为阳极催化剂的 DHFCs 性能优于以铂为阳极催化剂的 DHFCs。此外，Asazawa 等人研究了不同金属电极（铂、金、银、钴、镍、铜、铁）在碱性溶液中对肼电氧化的电催化性能。结果表明，在低过电位范围内，钴比铂表现出更好的电催化性能。因此，钴是一种很有前途的肼电氧化催化剂。

碳载钴催化剂是肼电氧化反应常用的催化剂。虽然碳载钴催化剂具有较高的电催化活性，但仍存在机械强度低、缺乏大孔等缺点。此外，采用传统涂覆法将粉末碳负载钴催化剂制成电极时，需要添加有机粘结剂。有机粘结剂的引入会增加催化剂的电阻，堵塞催化剂的孔道，阻碍催化剂与集流体或电解质的充分接触，从而降低催化剂的利用率。肼电氧化反应发生在固－液界面，并伴随着气体的产生。考虑到肼电氧化反应的特点，用于肼电氧化反应的催化剂应具有优异的气液传质性能。因此，具有多孔结构的电催化剂更适合催化肼电氧化反应。为了解决上述问题，将碳材料涂覆在具有多孔结构的导电基底上，不仅可以降低碳材料与基底之间的接触电阻，还可以降低扩散阻力。在各种导电基底中，不锈钢纤维毡（SSFF）因其高导电性、大孔结构和良好的耐腐蚀性能而被广泛应用。

基于以上考虑，以下研究合成了一种独特的多壁碳纳米管（MWCNTs）修饰不锈钢纤维毡负载 Co 电极（Co/MWCNT@SSFF）。合成的 Co/MWCNT@SSFF 电极对肼电氧化反应表现出优异的电催化能力。

第一节　多壁碳纳米管修饰不锈钢纤维毡负载钴电极的制备

多壁碳纳米管修饰不锈钢纤维毡负载钴电极（Co/MWCNT@SSFF）的合成如图 5-1 所示。

一、不锈钢纤维毡基底的预处理

将 1cm×1cm 的不锈钢纤维毡基底依次置于酒精、丙酮、1mol/L 硫酸中浸泡 15min 左右，再用大量的蒸馏水冲洗，备用。

二、多壁碳纳米管的酸化

在制备多壁碳纳米管修饰不锈钢纤维毡基底之前，要对多壁碳纳米管进行酸化处理。具体过程如下：将 500mg 多壁碳纳米管在体积比为 1∶3 的 68% 浓硝酸和 98% 浓硫酸的混合溶液中于 60℃回流 5 小时，剧烈搅拌。用蒸馏水洗涤上述溶液，直至溶液达到中性。

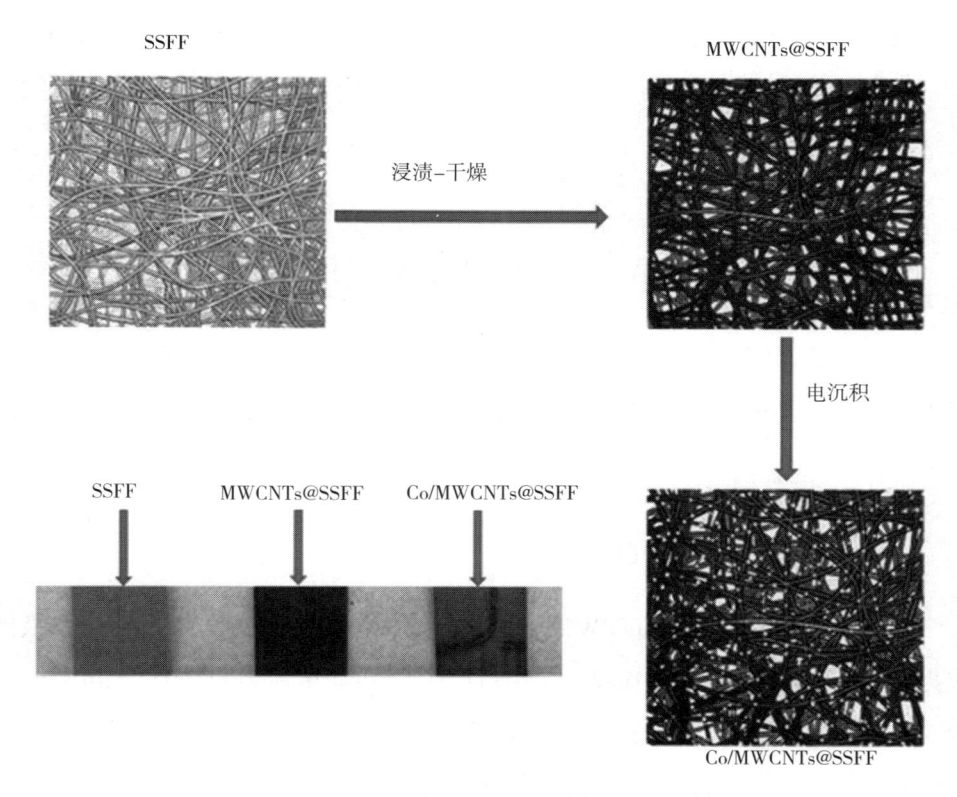

图 5-1 合成 Co/MWCNTs@SSFF 样品示意图

三、多壁碳纳米管修饰不锈钢纤维毡基底的制备

将 1cm × 1cm 的不锈钢纤维毡浸渍到 50mL 浓度为 3mg/mL 的 MWCNTs 溶液中 1 分钟。将不锈钢纤维毡基底从 MWCNTs 悬浮液中拿出，在 100℃下干燥 2 小时。重复浸渍-干燥步骤 4 次，直到不锈钢纤维毡基底表面被一层薄的 MWCNTs 覆盖，制得多壁碳纳米管修饰不锈钢纤维毡基底，记为 MWCNTs@SSFF。

四、多壁碳纳米管修饰不锈钢纤维毡负载钴电极的制备

采用恒电流法制备多壁碳纳米管修饰不锈钢纤维毡负载钴电极。制备过程在三电极系统中完成。三电极系统中以多壁碳纳米管修饰不锈钢纤维毡为工作电极，以铂片为对电极，以饱和 Ag/AgCl 电极为参比电极。在 0.005mol/L $CoSO_4$ 和 0.1mol/L $(NH_4)_2SO_4$ 中，向工作电极施加 –2mA 电流 3200 秒，制得多壁碳纳米管修饰不锈钢纤维毡负载钴电极，记为 Co/MWCNTs@SSFF。

第二节 电极制备工艺的优化

为了制备催化性能最佳的多壁碳纳米管修饰不锈钢纤维毡负载钴电极，从碳浆浓度、电解液浓度、沉积电流以及沉积时间等几个方面进行研究，寻找最优的制备工艺。

一、碳浆浓度的影响

为了考察碳浆浓度对 Co/MWCNTs@SSFF 电极催化活性的影响，设定电解液组成为 0.005mol/L $CoSO_4$ 和 0.1mol/L $(NH_4)_2SO_4$，沉积电流为 –0.002A，沉积时间为 3200s，依次得到三个碳浆浓度下制得的 Co/MWCNTs@SSFF 电极，并对这三个电极催化肼电氧化性能进行了测试。图 5-2 为不同浓度碳浆（1mg/mL、3mg/mL、5mg/mL）条件下制备的 Co/MWCNTs@SSFF 电极在 1mol/L KOH +0.1mol/L N_2H_4 中的循环伏安（CV）曲线。曲线 a、b、c 分别为碳浆浓度为 1mg/mL、3mg/mL、5mg/mL 制得的 Co/MWCNTs@SSFF 的循环伏安曲线。肼在不同碳浆浓度（1mg/mL、3mg/mL、5mg/mL）条件下制得的 Co/MWCNTs@SSFF 电极上电氧化的峰电流密度分别为 43mA/cm^2、97.1mA/cm^2、87.5mA/cm^2。显然，碳浆浓度升高，负载于基体表面的碳含量增加。而浓度过大可能导致碳层过厚，产生一定程度地团聚，不利于钴粒子在其表面上的沉积。因此，选择碳浆浓度为 3mg/mL。

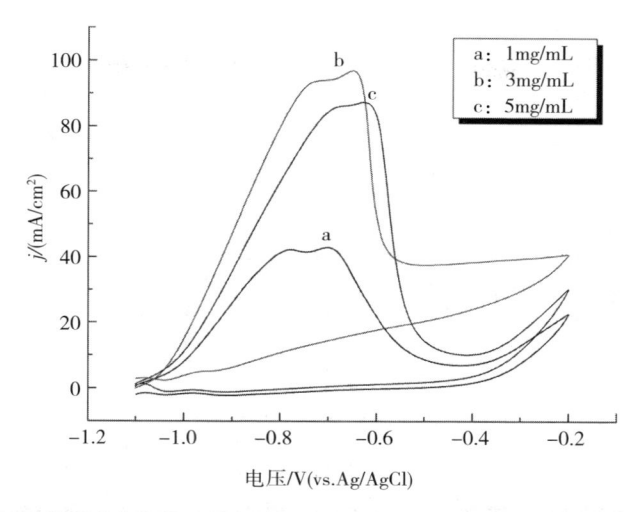

图 5-2　不同碳浆浓度条件下制备的 Co/MWCNTs@SSFF 电极的循环伏安曲线

二、硫酸钴浓度的影响

在电解液中，若 Co^{2+} 的浓度过大，则会使得 Co 粒子在沉积过程中发生团聚现象，这会大幅降低催化剂的催化性能。所以，需要寻找合适的硫酸钴浓度。分别在 0.003mol/L $CoSO_4$+0.1mol/L（NH_4）$_2SO_4$、0.005mol/L $CoSO_4$+0.1mol/L（NH_4）$_2SO_4$、0.007mol/L $CoSO_4$+0.1mol/L（NH_4）$_2SO_4$ 三种混合溶液中，施加 −0.002A 电流沉积 3200s，依次得到三个硫酸钴浓度下制得的 Co/MWCNTs@SSFF 电极，并对这三个电极催化肼电氧化性能进行了测试，测试结果如图 5-3 所示。曲线 a、b、c 分别为硫酸钴浓度为 0.003mol/L、0.005mol/L、0.007mol/L 制得的 Co/MWCNTs@SSFF 电极的循环伏安曲线。由图可知，曲线 b 中肼的氧化峰电流密度最高（97.1mA/cm^2），远高于曲线 a（41.3mA/cm^2）和曲线 c（80.04mA/cm^2）。另外，在三个样品中，曲线 b 展示出最低的起始氧化电位。因此，硫酸钴浓度为 0.005mol/L 制得的 Co/MWCNTs@SSFF 催化肼电氧化性能优于其他两个浓度制得的 Co/MWCNTs@SSFF 电极。因此，最佳的硫酸钴浓度为 0.005mol/L。

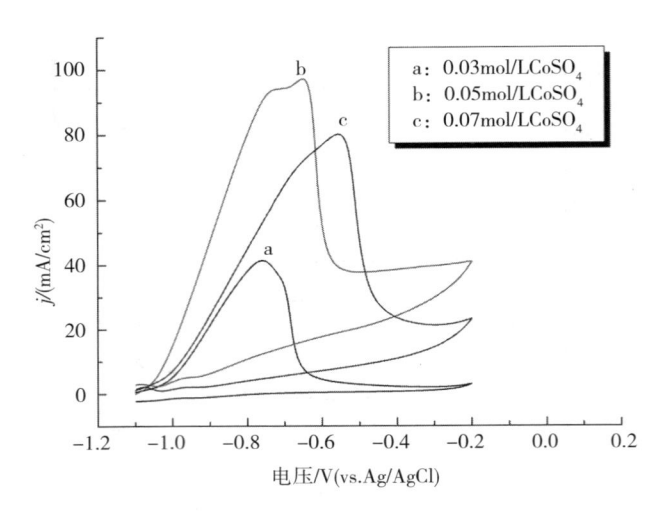

图 5-3 不同硫酸钴浓度下制得的 Co/MWCNTs@SSFF 电极的循环伏安曲线

三、硫酸铵浓度的影响

分别在 0.005mol/L CoSO$_4$+0.05mol/L（NH$_4$）$_2$SO$_4$、0.005mol/L CoSO$_4$+0.1mol/L（NH$_4$）$_2$SO$_4$、0.005mol/L CoSO$_4$+0.2mol/L（NH$_4$）$_2$SO$_4$ 三种混合溶液中，施加 −0.002A 电流沉积 3200s，依次得到三个硫酸铵浓度下制得的 Co/MWCNTs@SSFF 电极，并对这三个电极催化肼电氧化性能进行了测试，测试结果如图 5-4 所示。曲线 a、b、c 分别为硫酸钴浓度为 0.05mol/L、0.1mol/L、0.2mol/L 制得的 Co/MWCNTs@SSFF 电极的循环伏安曲线。曲线 a、b、c 从 −1.1 V 起，都出现氧化电流，而且电流随着电位正移而逐渐升高。曲线 a、b、c 中肼氧化峰电流密度依次为 32.7mA/cm^2、97.1mA/cm^2、88.2mA/cm^2。在三个硫酸铵浓度制得的 Co/MWCNTs@SSFF 电极中，硫酸铵浓度为 0.10mol/L 时制得的 Co/MWCNTs@SSFF 电极展示出最优的催化性能。因此，最佳硫酸铵浓度为 0.10mol/L。

四、沉积电流的影响

设定电解液组成为 0.005mol/L CoSO$_4$ 和 0.1mol/L（NH$_4$）$_2$SO$_4$，沉积时间为 3200s，在不同沉积电流（−1mA、−2mA、−3mA）下制得 Co/MWCNTs@SSFF 电极，

并对得到的催化剂进行催化性能测试,结果如图 5-5 所示。曲线 a、b、c 分别为沉积电流为 –1mA、–2mA、–3mA 制得的 Co/MWCNTs@SSFF 电极的循环伏安曲线。在三个样品中,–2mA 电流下制得的 Co/MWCNTs@SSFF 电极展现出最优良的催化性能,具有最高的肼氧化峰电流密度以及最负的肼氧化峰电位。施加的沉积电流过小,反应驱动力就过小,钴离子的沉积速度过低,电化学活性物质过少,致使制备的钴催化剂催化活性较低。因此,选择沉积电流为 –2mA。

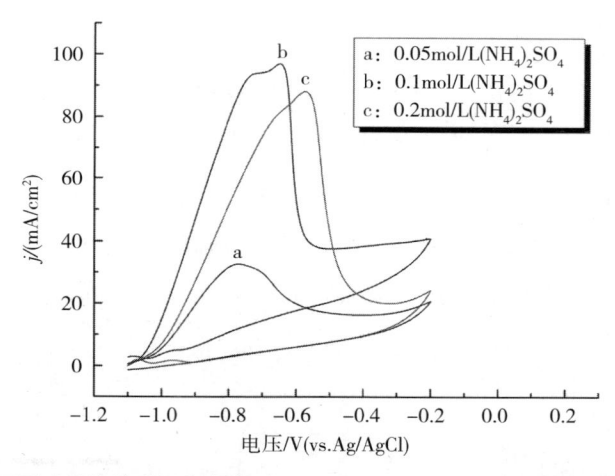

图 5-4 不同硫酸铵浓度下制得的 Co/MWCNTs@SSFF 电极的循环伏安曲线

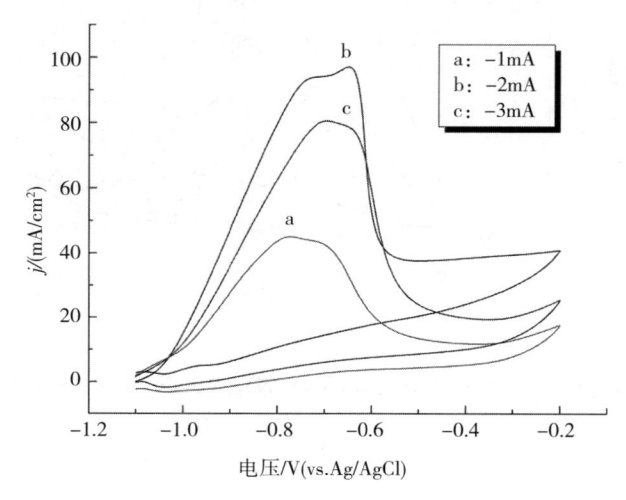

图 5-5 不同沉积电流下制得的 Co/MWCNTs@SSFF 电极的循环伏安曲线

五、沉积时间的影响

通过前两个实验确定沉积液组成为 0.005mol/L $CoSO_4$ 和 0.1mol/L $(NH_4)_2SO_4$。沉积电流为 –2mA，在不同沉积时间 t（2800s、3200s、3600s）制得三个 Co/MWCNTs@SSFF 电极，其性能测试见图 5-6。

曲线 a、b、c 依次代表沉积时间为 2800s、3200s、3600s 下制得的 Co/MWCNTs@SSFF 电极的 CV 曲线。曲线 b 展示出最负的起始氧化电位。同时曲线 b 的肼氧化峰电流密度可达 97.1mA/cm^2，比曲线 a、c 分别高出 56.37mA/cm^2 和 21.9mA/cm^2。合适的沉积时间对于 Co/MWCNTs@SSFF 电极的催化活性有很大影响。沉积时间较短，钴的负载量过少，导致其催化活性较低。但沉积时间较长，钴的负载量过多，易造成钴颗粒的团聚，降低电极的电化学比表面积，降低其催化活性。因此在沉积时间为 3200s 时，得到的 Co/MWCNTs@SSFF 电极性能最优。

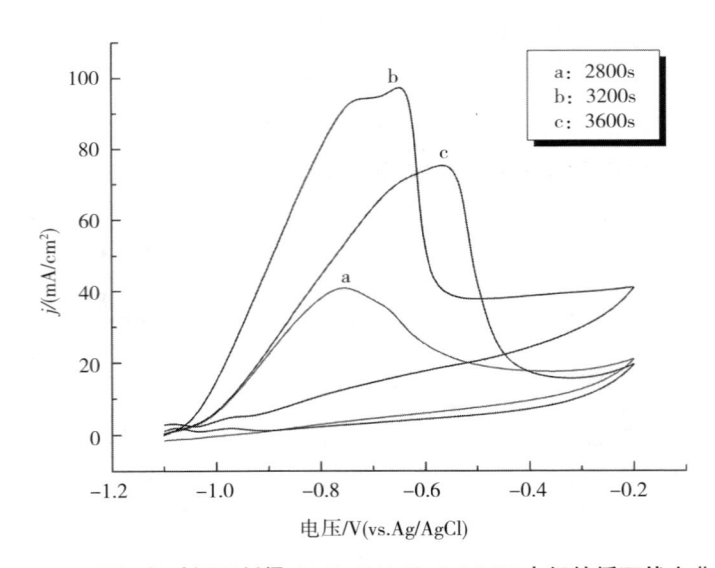

图 5-6　不同沉积时间下制得 Co/MWCNTs@SSFF 电极的循环伏安曲线

最佳的 Co/MWCNTs@SSFF 电极制备条件为碳浆浓度 3mg/mL，电解液为 0.005mol/L $CoSO_4$+0.1mol/L（NH_4）$_2SO_4$，沉积电流为 –2mA，沉积时间为 3200s。

第三节　多壁碳纳米管修饰不锈钢纤维毡负载钴电极的物相表征

一、SEM 表征

图 5-7 为 SSFF 电极（a、b）、MWCNTs@SSFF 电极（c、d）和 Co/MWCNTs@SSFF 电极（e~g）的 SEM 图以及 Co/MWCNTs@SSFF 电极（h）的 TEM 图。从图 5-7a 中可以观察到，SSFF 呈现出三维网状结构。SSFF 基底表面粗糙（图 5-7b），有利于 MWCNTs 的包覆。如图 5-7c 所示，在 SSFF 纤维上均匀地涂覆了一层很薄的 MWCNTs。MWCNTs@SSFF 的放大 SEM 图像（图 5-7d）清楚地表明 MWCNTs 连接在一起形成多孔网络结构。将 MWCNTs 涂覆在 SSFF 基底上可以显著增大比表面积。图 5-7e 和 5-7f 显示 Co 催化剂均匀地生长在 MWCNTs@SSFF 表面，并且具有直径在 150~500 nm 之间的球形结构。Co 纳米球由纳米片和纳米颗粒组成（图 5-7g）。从图 5-7h 中可以看到 Co/MWCNTs@SSFF 中伴随着一些褶皱的片状结构。

图 5-8 给出了 Co/MWCNTs@SSFF 样品的 SEM 图（a）、EDS 谱图（b）以及相应的 Co（c）和 C（d）元素分布。EDS 谱图中观察到的碳和钴的特征峰进一步证明了 MWCNT 包覆层和 Co 颗粒的存在。Fe、Cr、Ni 和 Mn 的特征峰是由于 SSFF 基底引起的。此外，谱图中出现的 O 来自预处理过程中 MWCNTs 表面形成的官能团。从图 5-8c 可以看出，Co 颗粒沉积在 MWCNT 表面。C 的分布比较分散（图 5-8d），说明 MWCNTs 没有被 Co 完全覆盖。

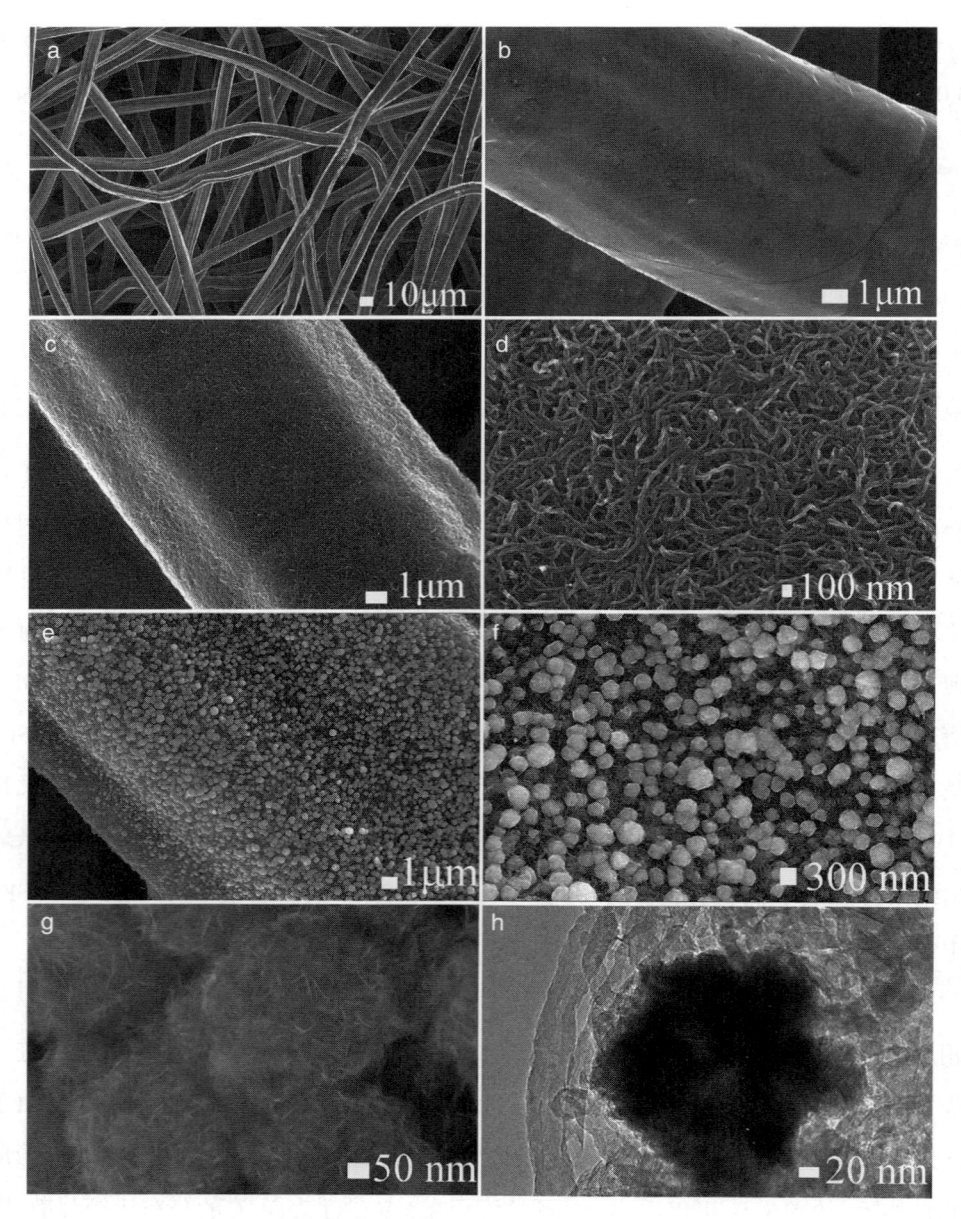

图 5-7 不同放大倍数的 SSFF 电极（a–b）、MWCNTs@SSFF 电极（c–d）和 Co/MWCNTs@SSFF 电极（e–g）的 SEM 图；Co/MWCNTs@SSFF 电极（h）的 TEM 图

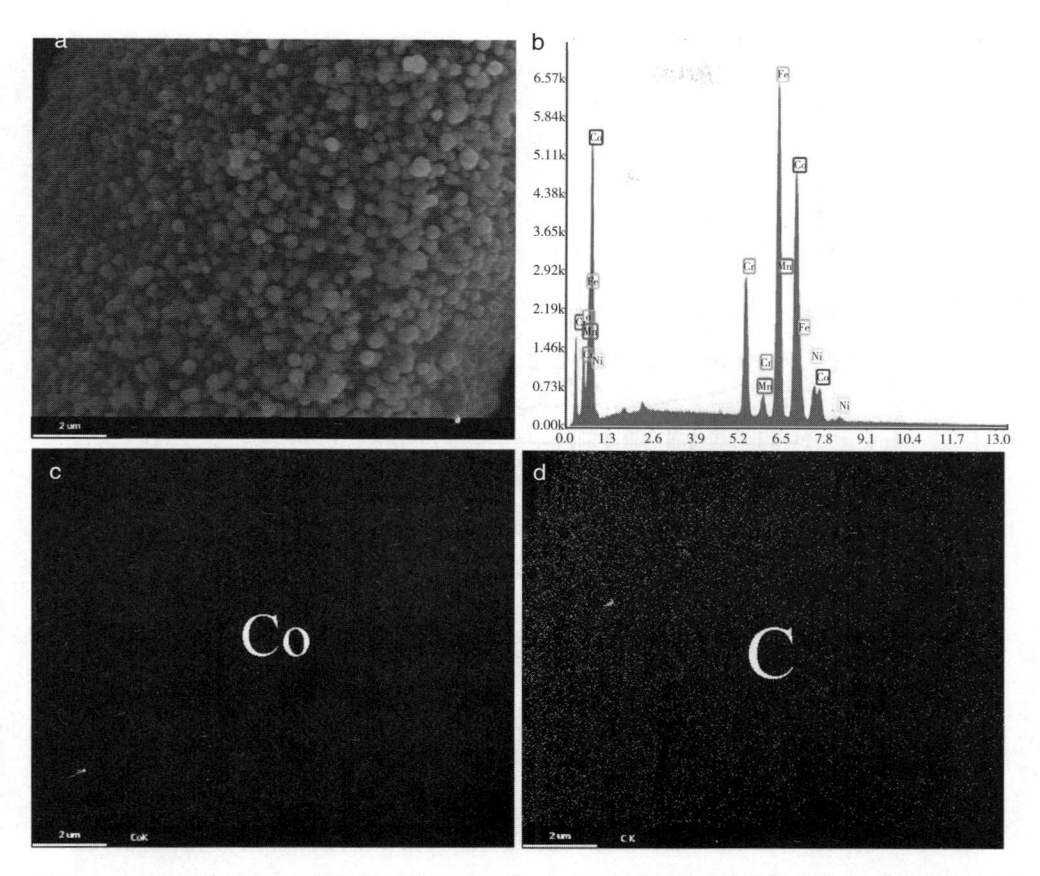

图 5-8　Co/MWCNTs@SSFF 样品的 SEM 图(a)、EDS 谱图(b)以及相应的 Co(c)和 C(d)元素分布

二、XRD 表征

图 5-9 给出了 Co/MWCNTs@SSFF 样品的 XRD 图像。在 26° 左右出现的宽衍射峰归属于 MWCNTs。在 43.6°、50.8° 和 74.7° 处出现的三个尖锐的衍射峰分别归属于奥氏体钢（PDF No.33-0945）的（111）、（200）和（220）晶面。位于 41.68°、44.5°、47.5° 和 75.9° 的四个衍射峰分别对应于 Co（PDF No.05-0727）的（100）、（002）、（101）和（110）晶面。

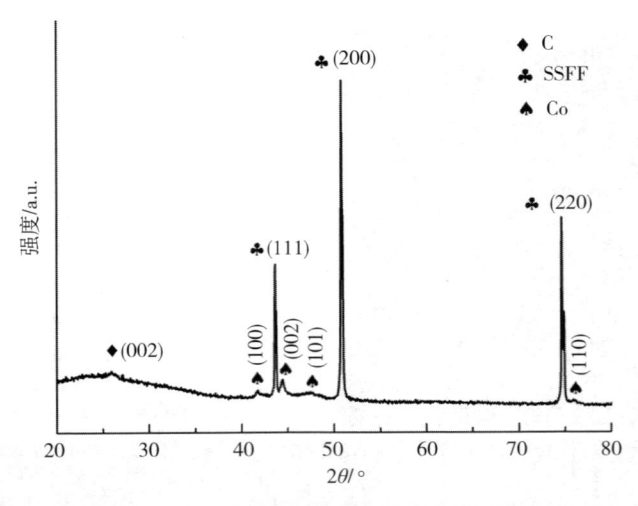

图 5-9　Co/MWCNTs@SSFF 电极的 XRD 图

第四节　电化学性能测试

一、循环伏安测试

图 5-10 给出了 SSFF、MWCNTs@SSFF 和 Co/MWCNTs@SSFF 电极在 1.0mol/L KOH +100 mmol/L N_2H_4 溶液中以 10mV/s 扫描速度的循环伏安曲线。显然，在 SSFF 和 MWCNTs@SSFF 电极上没有观察到明显的氧化/还原电流，表明 SSFF 和 MWCNTs@SSFF 电极对肼电氧化没有显著的电催化性能。Co/MWCNTs@SSFF 电极的 CV 中存在两个氧化峰。肼在 Co/MWCNTs@SSFF 电极上的电氧化反应是通过直接电氧化方式［式（5-1）］和间接电氧化方式［式（5-2）、式（5-3）］进行。在间接电氧化方式中，肼分解产生 H_2 ［式（5-2）］，H_2 在碱性溶液中被电化学氧化成 H_2O ［式（5-3）］。出现在电位为 -0.74 V 处的阳极氧化峰可归因于肼分解产生的 H_2 电氧化。出现在电位为 -0.65 V 处的阳极氧化峰可归属于肼的电氧化。这些结果与我们课题组之前的研究一致。此外，CV 没有出现还原峰，表明肼在 Co/MWCNTs@SSFF 电极上电氧化是一个不可逆过程。

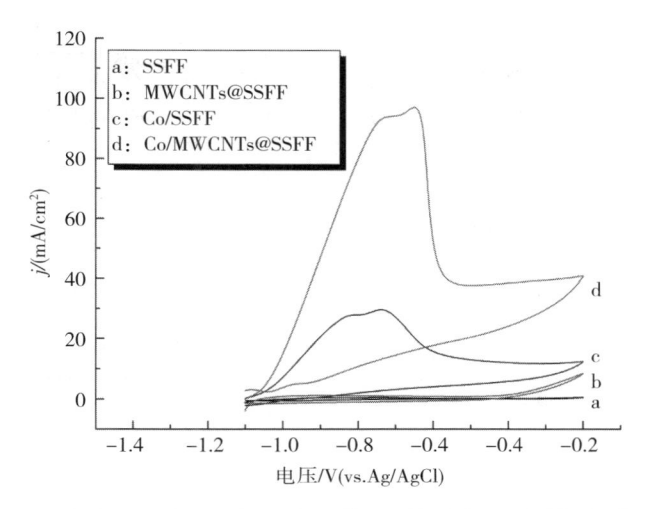

图 5-10 SSFF、MWCNTs@SSFF、Co/SSFF 和 Co/MWCNTs@SSFF 电极在 1.0mol/L KOH + 100mmol/L N_2H_4 中循环伏安曲线

$$N_2H_4 - 4OH^- \longrightarrow N_2 + 4H_2O + 4e \qquad (5-1)$$

$$N_2H_4 \longrightarrow N_2 + 2H_2 \qquad (5-2)$$

$$2H_2 + 4OH^- \longrightarrow 4H_2O + 4e \qquad (5-3)$$

作为对比,用同样的方法制备了 Co/SSFF 电极,但没有使用 MWCNTs 涂覆步骤。显然,肼在 Co/SSFF 电极上的电氧化反应也遵循直接和间接两种途径。Co/MWCNTs@SSFF 电极上肼的电氧化峰电流密度为 97.1mA/cm^2,远远超过 Co/SSFF(29.7mA/cm^2)。这些结果表明 Co/MWCNTs@SSFF 电极具有优异的电催化性能。

将 Co/MWCNTs@SSFF 电极与文献报道的一些钴基催化剂和负载在 MWCNTs 催化剂上的金属纳米颗粒对肼电氧化的电催化性能进行了比较,如表 5-1 所示。

表 5-1 Co/MWCNTs@SSFF 电极与目前报道的肼氧化电催化剂的催化性能对比

催化剂	电解液浓度	肼浓度/(mol/L)	扫描速度/(mV/s)	肼氧化起始电位/V(vs. Ag/AgCl)	肼氧化峰电位/(mA/cm^2)
G(CN)-Co	PBS(pH 7.4)	0.05	10	−0.1^a	3.5
Co/CFC	1 M KOH	0.02	10	−0.75	22

续表

催化剂	电解液浓度	肼浓度/(mol/L)	扫描速度/(mV/s)	肼氧化起始电位/V(vs. Ag/AgCl)	肼氧化峰电位/(mA/cm^2)
Ni$_1$Co$_3$ pompoms	1 M KOH	0.1	20	—	42.7
Pd-Co/MWCNTs	1 M NaOH	0.02	10	−0.72	51[b]
Ni-MWNTs-textile	1 M NaOH	0.02	10	−0.76	12
Co/MWCNTs@SSFF	1 M KOH	0.1	10	−0.65	97.1

a 表示相对于饱和甘汞电极（SEC）。
b 表示肼氧化峰电流密度单位为 mA/mg。

二、电化学活性表面积的测定

电化学活性表面积（ECSA）可以看作是影响电极电催化活性的一个重要因素。Co/MWCNTs@SSFF 和 Co/SSFF 样品的 ECSA 可以通过其双电层电容（C_{dl}）来评估。为了深入了解 Co/MWCNTs@SSFF 优异的电催化活性，在 1mol/L KOH 中测量了 Co/SSFF（图 5-11）和 Co/MWCNTs@SSFF（图 5-12）样品在 −0.25~−0.15V 范围内不同扫描速度（10~50mV/s）下的 CV 曲线。将电流密度差对扫描速度作图，得到一条直线。根据公式 5-4，直线斜率为 C_{dl}。因此，从相应曲线的斜率可以得到 Co/MWCNTs@SSFF 和 Co/SSFF 样品的 C_{dl} 值（图 5-13）。Co/SSFF 和 Co/MWCNTs@SSFF 样品的 C_{dl} 分别为 0.0016F/cm^2 和 0.0155F/cm^2。由于 ECSA 与 C_{dl} 成正比，Co/MWCNTs@SSFF 样品的 ECSA 是 Co/SSFF 样品的 9.7 倍，这表明多壁碳纳米管的引入可以显著提高电极的电化学表面积。Co/MWCNTs@SSFF 样品具有较大的 ESCA，可以为催化肼氧化提供更多的活性位点，从而显著提高电极的催化性能。

$$dj=C_{dl}d \qquad (5-4)$$

式中：j——平均电流密度，mA/cm^2；

C_{dl}——双电层电容。

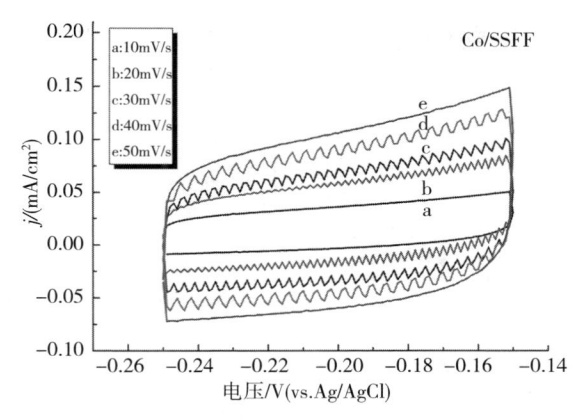

图 5-11　Co/SSFF 样品在 1mol/L KOH 中在 −0.25~−0.15 V 范围内不同扫描速度下的循环伏安曲线

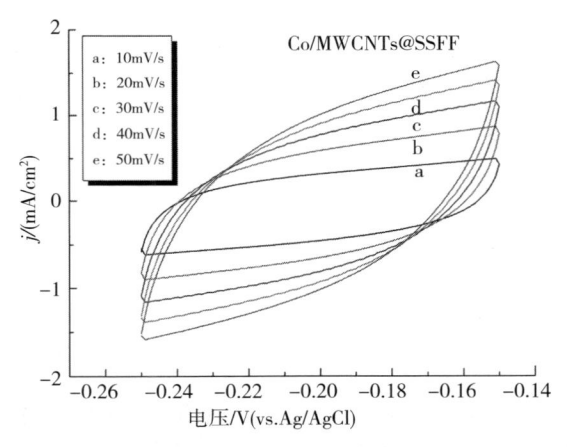

图 5-12　Co/MWCNTs@SSFF 样品在 1mol/L KOH 中在 −0.25~−0.15V 范围内不同扫描速度下的循环伏安曲线

三、恒电位测试

利用计时电流法 CA 研究了 Co/MWCNTs@SSFF 样品的电催化稳定性。图 5-14 展示了 Co/MWCNTs@SSFF 样品在 1mol/L KOH 和 0.1mol/L N_2H_4 中在 −0.7V 下获得的计时电流（CA）曲线。电流密度在最初的几分钟内迅速下降，随后在剩余的测试时间内变化不大。结果表明，所合成的 Co/MWCNTs@SSFF 样品具有良好的电催化稳定性。

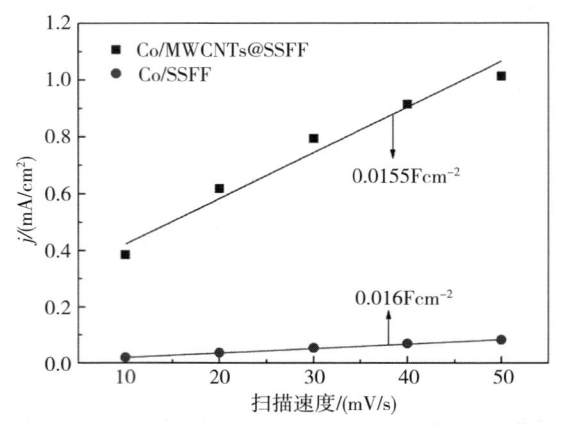

图 5-13 在 –0.2 V 下的平均电流密度与扫描速率的关系曲线

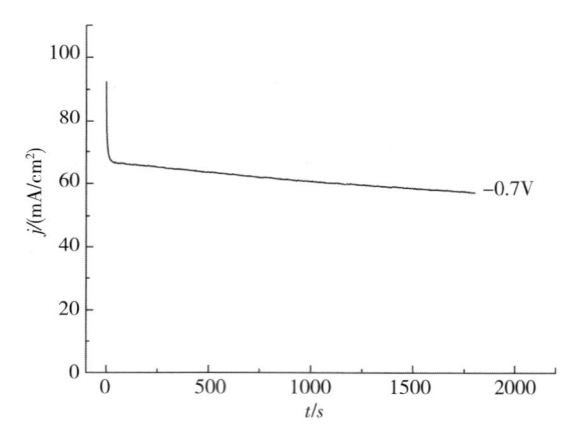

图 5-14 Co/MWCNTs@SSFF 电极在 1.0mol/L KOH+0.1mol/L N_2H_4 溶液中 –0.7V 电位下的计时电流曲线

四、肼浓度的影响

为进一步研究 Co/MWCNTs@SSFF 样品的电催化性能。本实验测试了 Co/MWCNTs@SSFF 样品在 1mol/L KOH 和不同 N_2H_4 浓度（0.01mol/L、0.02mol/L、0.03mol/L、0.04mol/L）溶液中在扫描速度为 10mV/s 的循环伏安（CV）曲线，测试结果列于图 5-15。由图可以清楚地看出，随着肼浓度的增加，肼氧化峰电流密度呈现逐渐增大的趋势，峰电位呈现持续正移的趋势。这表明 Co/MWCNTs@SSFF 样品上的肼电氧化过程受传质控制。

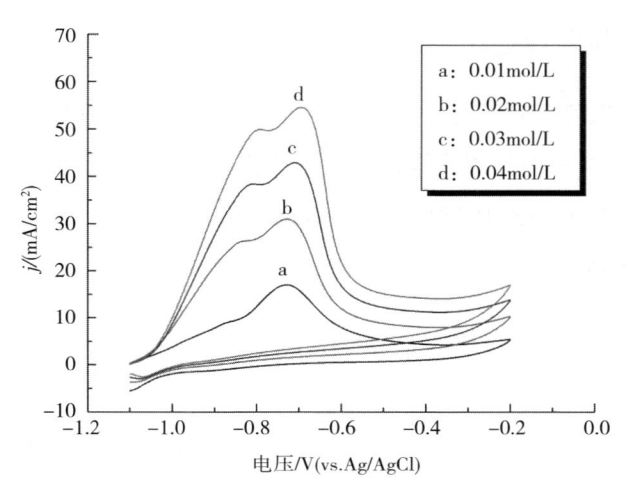

图 5-15 Co/MWCNTs@SSFF 电极在 1.0mol/L KOH + xmol/L N_2H_4（x=0.01、0.02、0.03、0.04）溶液中的循环伏安曲线，扫速为 10mV/s

以肼浓度的对数为 X 轴，−0.75V 时电流密度的对数为 Y 轴作图，结果列于图 5-16。从图 5-16 可以看出，肼浓度的对数值和和 −0.75V 时电流密度的对数值之间具有良好的线性关系。该直线的斜率为 0.9。按照式（3-2），反应级数 n 约等于 1，表明肼在 Co/MWCNTs@SSFF 样品上的电氧化过程相对于肼而言遵循一级动力学。

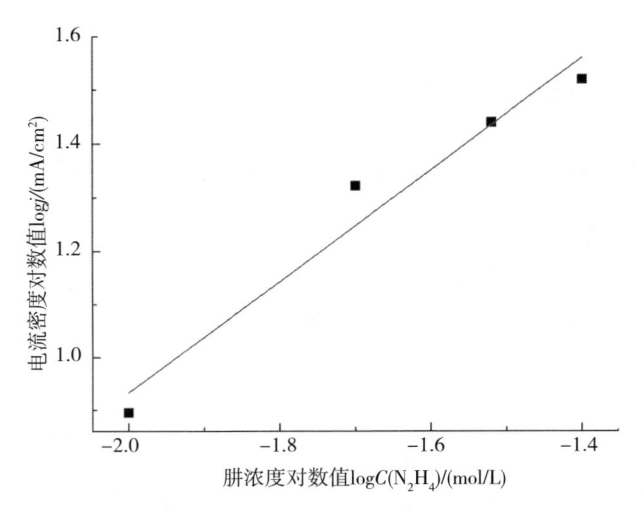

图 5-16 −0.75V 时电流密度对数与肼浓度对数的关系图

五、温度的影响

图 5-17 和图 5-18 分别展示 Co/SSFF 和 Co/MWCNTs@SSFF 电极在 1mol/L KOH 和 0.1mol/L N_2H_4 溶液中不同温度下的循环伏安曲线，扫描速度为 10mV/s。随着温度的升高，Co/SSFF 和 Co/MWCNTs@SSFF 样品上肼氧化和氢气氧化的峰电流密度均呈现逐渐增大的趋势，说明升高温度有利于提高肼电氧化反应和肼分解反应的速率。

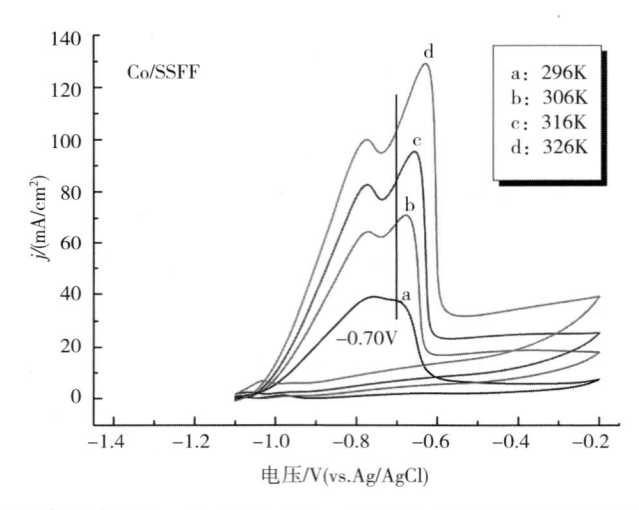

图 5-17　Co/SSFF 电极在 1.0mol/L KOH+0.1mol/L N_2H_4 溶液中不同反应温度下的循环伏安曲线（扫描速度为 10mV/s）

活化能可视为评价催化剂催化性能的重要指标之一。利用阿累尼乌斯公式，计算得到 Co/MWCNTs@SSFF 和 Co/SSFF 样品上肼电化学氧化反应的活化能 E_a 值。图 5-19 给出了 Co/MWCNTs@SSFF 样品在 -0.65V（此电位为 296K 下肼氧化峰电位）处的肼氧化电流密度的对数与绝对温度的倒数的关系曲线。作为对比，图 5-19 还给出了 Co/SSFF 样品在 -0.7V（此电位为 296K 下肼氧化峰电位）下的 $\ln j$ 对 $1/T$ 的作图。线性拟合后得到直线斜率。合成的 Co/MWCNTs@SSFF 样品上肼电氧化反应的 E_a 为 16.2kJ/mol。Co/MWCNTs@SSFF 电极上肼氧化反应 E_a 远低于 Co/SSFF 样品（26.3kJ/mol）。这表明与 Co/SSFF 相比，肼在 Co/MWCNTs@

SSFF 样品上的电氧化动力学更快。

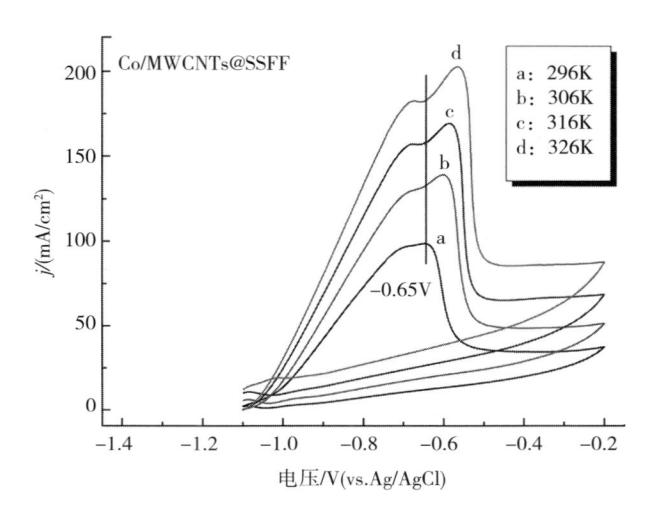

图 5-18　Co/MWCNTs@SSFF 电极在 1.0mol/L KOH+0.1mol/L N_2H_4 溶液中不同反应温度下的循环伏安曲线，扫描速度为 10mV/s

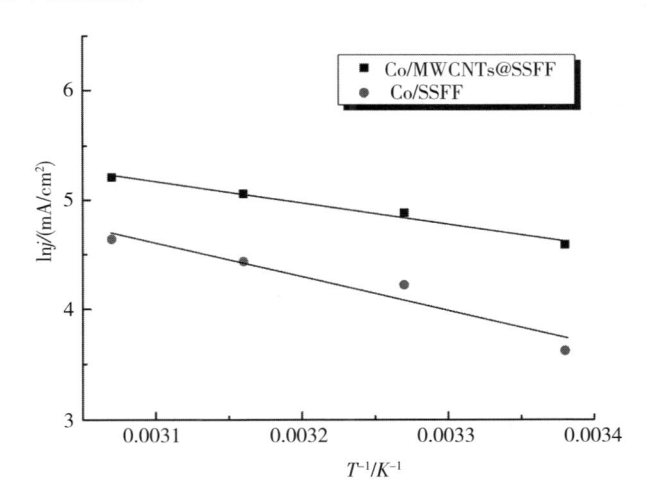

图 5-19　Co/MWCNTs@SSFF 和 Co/SSFF 电极催化肼电氧化的阿累尼乌斯关系图

本章小结

本研究通过将不锈钢纤维毡基底浸入多壁碳纳米管中悬浮液中，制成多壁碳纳米管修饰的不锈钢纤维毡基底（MWCNTs@SSFF），然后利用电沉积法将钴粒子成功沉积在 MWCNTs@SSFF 基底上，制成目标产物 Co/MWCNTs@SSFF。利用 XRD、SEM、EDX 等表征手段对 Co/MWCNTs@SSFF 电极的形貌和物相组成进行了表征，同时测试了 Co/MWCNTs@SSFF 电极催化肼电氧化性能。与 Co/SSFF 样品相比，Co/MWCNTs@SSFF 样品对肼电氧化反应表现出更优良的电催化性能。此外，Co/MWCNTs@SSFF 样品的 E_a 小于 Co/SSFF 样品。Co/MWCNTs@SSFF 样品优异的电催化性能主要归因于 SSFF 基底的大孔结构、Co 纳米球的多孔结构以及 MWCNT 修饰增加的电化学表面积。Co/MWCNTs@SSFF 样品的多孔结构不仅使肼更容易接触到表面，加快了电极/电解质界面反应速率，而且确保了气体产物快速离开电极表面。

参考文献

[1] YAMADA K, ASAZAWA K, YASUDA K, et al. Investigation of PEM type direct hydrazine fuel cell[J]. Journal of Power Sources, 2003, 115: 236–242.

[2] YAMADA K, YASUDA K, TANAKA H, et al. Effect of anode electrocatalyst for direct hydrazine fuel cell using proton exchange membrane[J]. Journal of Power Sources, 2003, 122(2): 132–137.

[3] JI S M, GHOURI Z K, ELSAID K, et al. Capacitance of MnO_2 micro-flowers decorated CNFs in alkaline electrolyte and its Bi-functional electrocatalytic activity toward hydrazine oxidation[J]. International Journal of Electrochemical Science, 2017, 12(3): 2583–2592.

[4] ROSCA V, KOPER M T M. Electrocatalytic oxidation of hydrazine on platinum electrodes in alkaline solutions[J]. Electrochimica Acta, 2008, 53(16): 5199–5205.

[5] HOSSEINI M G, ZEYNALI S, MOMENI M M. et al. Polyaniline nanofibers supported on titanium as templates for immobilization of Pd nanoparticles: A new electro-catalyst for hydrazine oxidation[J]. 2012, 124(6): 4671–4677.

[6] LIU F, XIANG X, WANG H H, et al. Boosting electrocatalytic hydrazine oxidation reaction on high-index faceted Au concave trioctahedral nanocrystals[J].ACS Sustainable Chemistry & Engineering, 2022, 10(2): 696-702.

[7] WANG H, DING J T, KANNAN P, et al. Cobalt nanoparticles intercalated nitrogen-doped mesoporous carbon nanosheet network as potential catalyst for electro-oxidation of hydrazine[J]. International Journal of Hydrogen Energy, 2020, 45(38): 19344-19356.

[8] KADAM R G, ZHANG T, ZAORALOVA D, et al. Single Co-atoms as electrocatalysts for efficient hydrazine oxidation reaction[J]. Small, 2021, 17(16): 2006477 .

[9] CHEN S, WANG C L, LIU S, et al. Boosting hydrazine oxidation reaction on CoP/Co mott-schottky electrocatalyst through engineering active sites[J]. Journal of Physical Chemistry Letters, 2021, 12(20): 4849-4856.

[10] JIANG H S, WANG Z N, KANNAN P, et al. Grain boundaries of $Co(OH)_2$-Ni-Cu nanosheets on the cotton fabric substrate for stable and efficient electro-oxidation of hydrazine[J]. International Journal of Hydrogen Energy, 2019, 44(45): 24591-24603.

[11] FENG G, KUANG Y, LI Y J, et al. Three-dimensional porous superaerophobic nickel nanoflower electrodes for high-performance hydrazine oxidation[J]. Nano Research, 2015, 8(10): 3365-3371.

[12] JEON T Y, WATANABE M, MIYATAKE K. Carbon segregation-induced highly metallic Ni nanoparticles for electrocatalytic oxidation of hydrazine in alkaline media[J]. ACS Applied Materials & Interfaces, 2014, 6(21): 18445-18449.

[13] WEN H, GAN L Y, DAI H B, et al. In situ grown Ni phosphide nanowire array

on Ni foam as a high-performance catalyst for hydrazine electrooxidation[J]. Applied Catalysis B-Environmental, 2019, 241: 292-298.

[14] SAKAMOTO T, ASAZAWA K, SANABRIA-CHINCHILLA J, et al. Combinatorial discovery of Ni-based binary and ternary catalysts for hydrazine electrooxidation for use in anion exchange membrane fuel cells[J]. Journal of Power Sources 2014, 247: 605-611.

[15] SAKAMOTO T, MADSUMURA D, ASAZAWA K, et al. Operando XAFS study of carbon supported Ni, NiZn, and Co catalysts for hydrazine electrooxidation for use in anion exchange membrane fuel cells[J]. Electrochimica Acta, 2015, 163: 116-122.

[16] WANG X L, ZHENG Y X, JIA M L. Formation of nanoporous NiCuP amorphous alloy electrode by potentiostatic etching and its application for hydrazine oxidation[J]. International Journal of Hydrogen Energy, 2016, 41, 8449-8458.

[17] FENG Z B, LI D G, WANG L, et al. In situ grown nanosheet Ni-Zn alloy on Ni foam for high performance hydrazine electrooxidation[J]. Electrochimica Acta, 2019, 304: 275-281.

[18] GAO X H, DU C, ZHANG C M, et al. Copper nanoclusters on carbon supports for the electrochemical oxidation and detection of hydrazine[J]. ChemElectroChem, 2016, 3(8): 1266-1272.

[19] FILANOVSKY B, GRANTO E, PRESMAN I, et al. Long-term room-temperature hydrazine/air fuel cells based on low-cost nanotextured Cu-Ni catalysts[J]. Journal of Power Sources, 2014, 246: 423-429.

[20] ASAZAWA K, SAKAMOTO T, YAMAGUCHI S, et al. Study of anode catalysts and fuel concentration on direct hydrazine alkaline anion-exchange membrane fuel Cells[J]. Journal of the Electrochemical Society, 2009, 156(4): B509-B512.

[21] ASAZAWA K, YAMADA K, TANAKA H, et al. Electrochemical oxidation

of hydrazine and its derivatives on the surface of metal electrodes in alkaline media[J]. Journal of Power Sources, 2009, 191(2): 362–365.

[22] CHEN W W, LIU Z L, LI Y X, et al. A novel stainless steel fiber felt/Pd nanocatalysts electrode for efficient ORR in air–cathode microbial fuel cells[J]. Electrochimica Acta, 2019, 324: 134862.

[23] HOU J X, LIU Z L, YANG S Q, et al. Three–dimensional macroporous anodes based on stainless steel fiber felt for high–performance microbial fuel cells[J]. Journal of Power Sources, 2014, 258: 204–209.

[24] XIE Y C, WANG Z N, WANG H, et al. α–Co(OH)$_2$ thin–layered cactus–like nanostructures wrapped Ni$_3$S$_2$ nanowires: a robust and potential catalyst for electro–oxidation of hydrazine[J]. ChemElectroChem, 2021, 8(5): 937–947.

[25] ZHANG D M, CHENG K, SHI N N, et al. Nickel particles supported on multi–walled carbon nanotubes modified sponge for sodium borohydride electrooxidation[J]. Electrochemistry Communications, 2013, 35: 128–130.

[26] ZHU S L, CHANG C P, SUN Y Z, et al. Modification of stainless steel fiber felt via in situ self–growth by electrochemical induction as a robust catalysis electrode for oxygen evolution reaction[J]. International Journal of Hydrogen Energy, 2020, 45: 1810–1821.

[27] LIU R, XIANG X, GUO F, et al. Carbon fiber cloth supported micro– and nano–structured Co as the electrode for hydrazine oxidation in alkaline media[J]. Electrochimica Acta, 2013, 94: 214–218.

[28] WANG H, MA Y J, WANG R F, et al. Liquid–liquid interface–mediated room–temperature synthesis of amorphous NiCo pompoms from ultrathin nanosheets with high catalytic activity for hydrazine oxidation[J]. Chemical Communications, 2015, 51(17): 3570–3573.

[29] LIU J, LIU R, YUAN C L, et al. Pd–Co/MWCNTs catalyst for electrooxidation

of hydrazine in alkaline solution[J]. Fuel Cells, 2013, 13(5):903–909.

[30] ZHANG D D, WANG B, CAO D X, et al. N_2H_4 electrooxidation at negative potential on novel wearable nano–Ni–MWNTs–textile electrode[J]. Materials Science and Engineering B–Advanced Funcitional Solid–State Materials, 2014, 188: 48–53.

[31] LI B P, SONG C Y, YIN J L, et al. Effect of graphene on the performance of nickel foam–based CoNi nanosheet anode catalyzed direct urea–hydrogen peroxide fuel cell[J]. International Journal of Hydrogen Energy, 2020, 45(17): 10569–10579.

第六章

泡沫铜负载铜纳米棒列阵电极用作肼氧化电催化剂

随着化石燃料的快速枯竭和环境状况的逐渐恶化,高效电能的生产和非化石燃料能源的开发迫在眉睫。燃料电池技术在解决化石能源短缺和环境恶化方面具有显著的优势。因此,燃料电池一直是新能源领域的研究热点。

直接肼燃料电池的发展主要受到肼氧化反应动力学缓慢和贵金属电催化剂价格昂贵的阻碍。因此,在过去的几年中,高活性的过渡金属催化剂(Ni、Co、Cu)被广泛设计和制备。其中,Cu 电催化剂凭借其低廉的价格、丰富的自然储量和良好的导电性,被不断应用于催化肼氧化反应。一些已报道的研究表明,纳米材料因其独特的尺寸和形貌而表现出不同于传统块体材料的优异性能。Asazawa 等人提出光泽铜电极不适合催化肼氧化。有研究团队合成了纳米多孔铜片负载铜膜,并将其用于催化肼氧化反应。测试结果显示该电极表现出比光滑铜片更好的催化性能。

此外,肼氧化反应涉及两种液体反应物并伴随着气体的产生。因此,肼氧化催化剂需具有较高的传质效率。构建合理的微纳米结构可以增大催化剂比表面积,提高气液传质性能。因此,为了提高 Cu 催化剂的电催化性能,合适的设计策略和 Cu 催化剂的结构特征显然是非常重要的。近年来,各种形貌的 Cu 催化剂相继被报道,包括纳米多孔结构、纳米线结构、纳米片结构、三明治结构和纳米立方体结构等。定向排列的一维纳米结构阵列(如纳米线阵列、纳米棒阵列、纳米管阵列等）由于具有较大的比表面积、较短的电子和离子传输路径以及较高的传质效果，被认为是直接肼燃料电池中电极结构的更好选择。

为此，通过阳极氧化法直接在泡沫铜上生长 Cu（OH）$_2$ 纳米棒列阵，然后以硼氢化钠作为还原剂进行化学还原，制得目标产物泡沫铜负载铜纳米棒列阵电极（Cu NRAs/CF）。在整个制备过程中不使用模板或形状控制剂。作为肼氧化催化剂，Cu NRAs/CF 电极表现出优异的催化性能和快速的反应动力学。此外，课题组还研究了 Cu NRAs/CF 电极催化肼氧化反应的机理。

第一节　泡沫铜负载铜纳米棒列阵电极的制备

一、泡沫铜基底的预处理

将裁剪好的泡沫铜（10mm×10mm）放入丙酮中超声 15min，除去泡沫铜表面的油污。该步骤结束后，用纯蒸馏水反复清洗泡沫铜，直至将附着的丙酮全部清洗干净。然后将泡沫镍置于 6mol/L 盐酸溶液中静置 15min，除去泡沫铜表面氧化物。

二、泡沫铜负载铜纳米棒列阵电极的制备

采用阳极氧化结合化学还原方法制备泡沫铜负载铜纳米棒列阵电极。在本章中，选择泡沫铜作为铜源和基底。

第一步，以 2mol/L KOH 为电解液，向泡沫铜施加 20mA 电流 10min，在泡沫铜表面直接生长氢氧化铜纳米棒列阵。此制备过程在三电极系统中进行，以预处理的 10mm×10mm 泡沫铜、10mm×20mm 铂电极和饱和的 Ag/AgCl 电极分别作为工作电极、对电极和参比电极。制得泡沫铜负载氢氧化铜纳米棒列阵电极[Cu（OH）$_2$ NRAs/CF］。

第二步，将制得的泡沫铜负载氢氧化铜纳米棒列阵电极垂直放置在含有 10mL 异丙醇和 20mL 蒸馏水的混合溶液中，事先用 1mol/L KOH 调节混合液的 pH 为 8。将 0.15 克硼氢化钠事先溶解在 3.3mL 异丙醇和 6.7mL 蒸馏水的混合溶液中，然后滴加到上述混合溶液中。在磁力搅拌的条件下，持续还原 90 分钟，合成了目标产物泡沫铜负载铜纳米棒列阵电极，记为 Cu NRAs/CF。

三、泡沫铜负载铜纳米粒子电极的制备

作为对比，利用恒电流法制备出泡沫铜负载铜纳米粒子电极。以 3mmol/L $CuSO_4$ 和 0.1mol/L $(NH_4)_2SO_4$ 溶液为电解液，在以 10mm×10mm 泡沫铜、10mm×20mm 铂电极和饱和的 Ag/AgCl 电极分别作为工作电极、对电极和参比电极的三电极系统中完成泡沫铜负载铜纳米粒子电极的制备。向泡沫铜施加 −3mA 恒电流 2800s，制得合成了泡沫铜负载铜纳米粒子电极，记为 Cu NPs/CF。

第二节　泡沫铜负载铜纳米棒列阵电极的物相表征

一、扫描电镜表征

图 6-1 给出了不同放大倍数下样品的扫描电镜图。从图 6-1(a、b)可以看出，所制备的泡沫铜基底呈现出三维多孔结构，其骨架表面光滑。如图 6-1(c、d)所示，经过阳极氧化过程后，氢氧化铜纳米棒直接生长在泡沫铜基底的导电骨架上，并在各个方向上随机倾斜，而不是垂直生长。由图 6-1(e、f)可看出，氢氧化铜纳米棒直径为 150~200nm，长度约为 9μm，而且氢氧化铜纳米棒表面不光滑，呈多角棱柱状结构。此外，通过化学还原步骤，将氢氧化铜纳米棒转变为铜纳米棒，而且铜纳米棒相互交织在泡沫铜基底表面（图 6-1g）。单个铜纳米棒由许多椭圆形的铜纳米颗粒组成（图 6-1h）。从图 6-1i 可以看出，铜纳米棒是由直

径为 20~30nm 的铜纳米颗粒组成的,并且在相邻的铜纳米颗粒之间出现了孔洞。图 6-1j 为随机选取区域的高分辨透射电镜图片。晶格间距为 0.209nm 的晶格条纹可归属于 Cu(111)晶面。晶体间距为 0.246nm 的晶格条纹可归属于 Cu_2O(111)晶面,证明电极表面 Cu 发生部分氧化。

　　同时为了对比,本研究分析了泡沫铜负载铜纳米粒子电极的形貌。图 6-2 为泡沫铜负载铜纳米粒子电极的扫描电镜图。如图所示,Cu NPs/CF 显示出纳米球结构,粒径为 50~100nm。

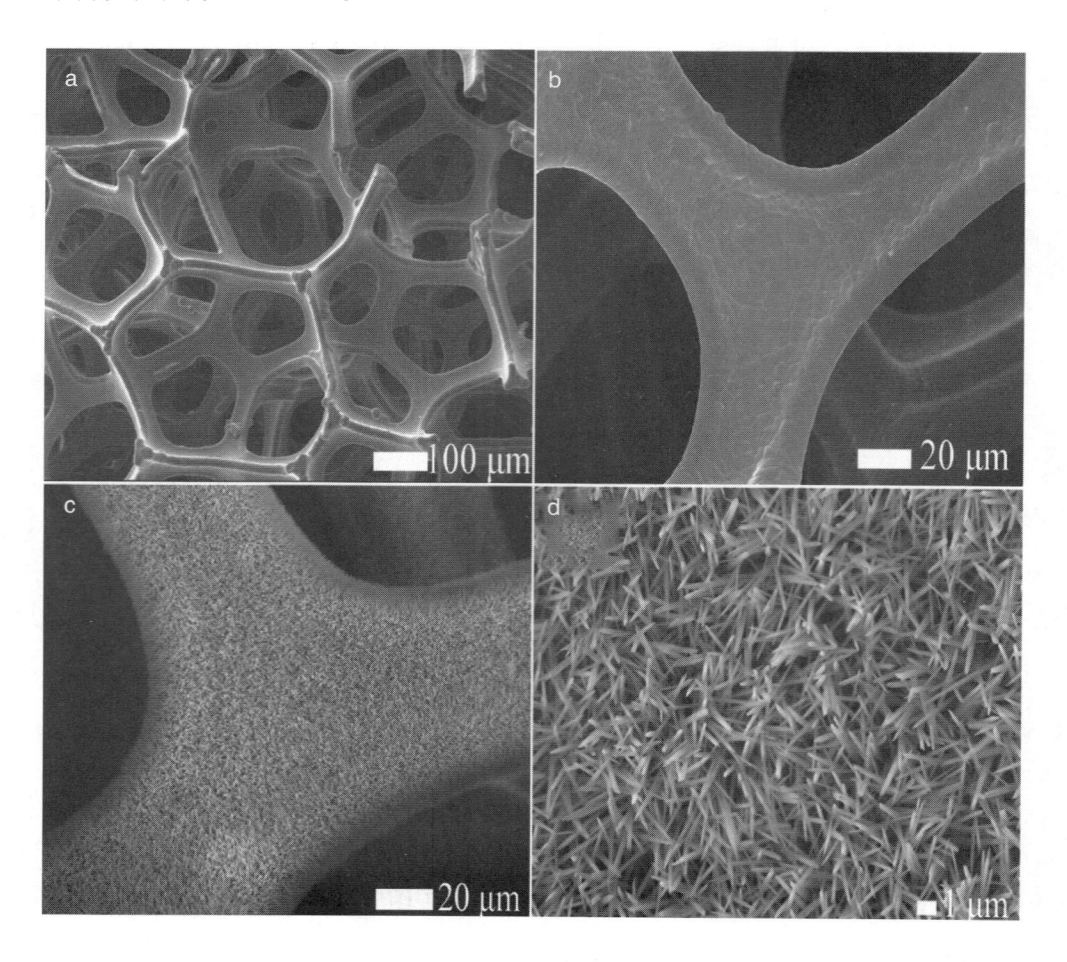

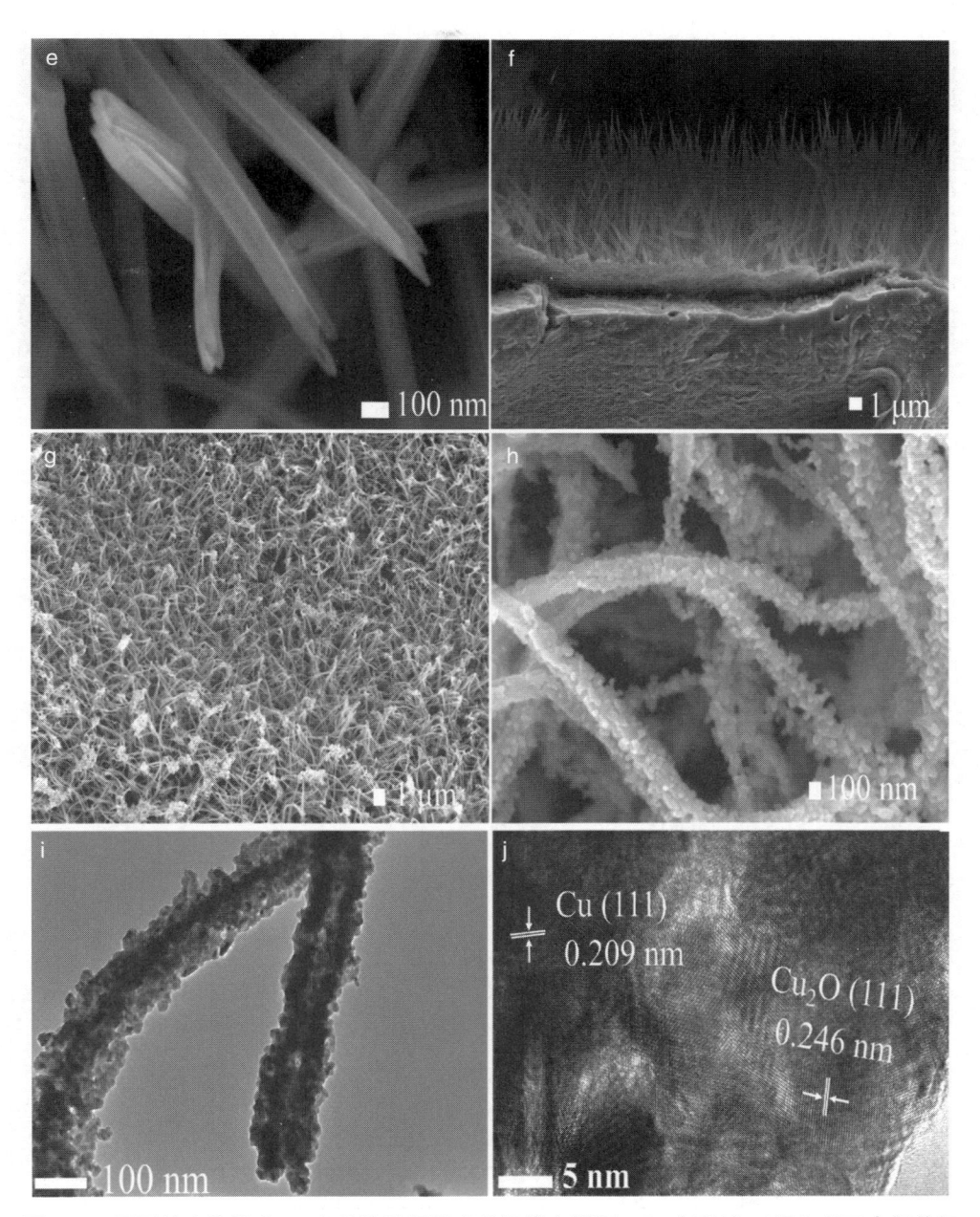

图 6-1 不同放大倍数（a-b）的泡沫铜基底的扫描电镜图；Cu（OH）$_2$ NRAs/CF 电极的扫描电镜图（c-f）；Cu NRAs/CF 电极的扫描电镜图（g-h）；Cu NRAs/CF 电极的透射电镜图（i）和高分辨率透射电镜图（j）

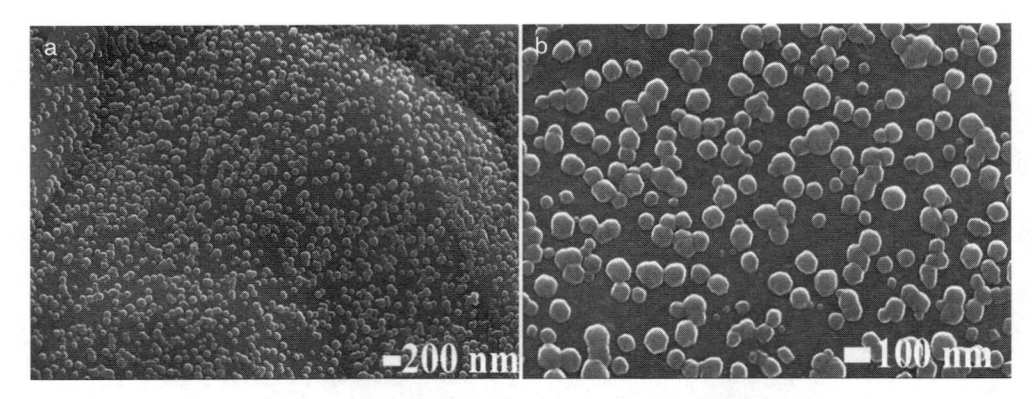

图 6-2　不同放大倍数的 Cu NPs/CF 的扫描电镜图

二、X 射线衍射表征

图 6-3 给出了泡沫铜（CF）和泡沫铜负载铜纳米棒列阵电极（Cu NRAs/CF）的 X 射线衍射谱（XRD）图。从图可以看出，无论是泡沫铜（CF）还是泡沫铜负载铜纳米棒列阵电极，在 43.3°、50.5° 和 74.1° 处都出现了 3 个明显的衍射峰，分别对应于 Cu（JCPDS NO. 04-0836）的（111）、（200）和（220）晶面。对于泡沫铜负载铜纳米棒列阵电极，在 36.6° 处出现了一个新峰，对应于赤铜矿 Cu_2O

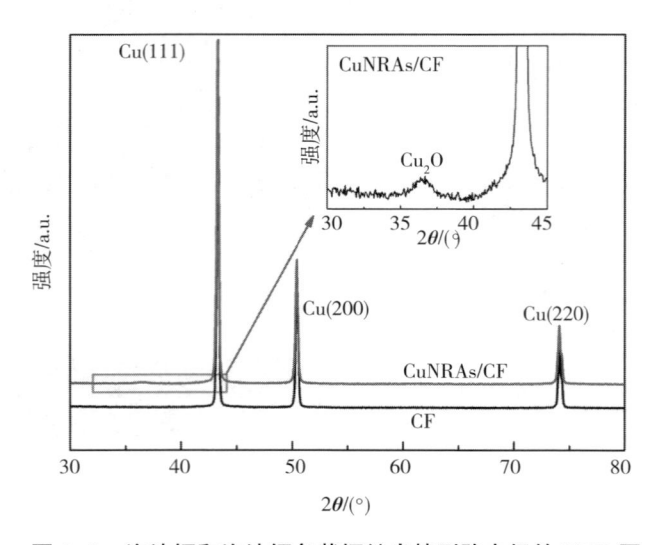

图 6-3　泡沫铜和泡沫铜负载铜纳米棒列阵电极的 XRD 图

的（111）晶面（JCPDS NO. 05-0667），表明 Cu 纳米棒暴露在空气中时发生了自然氧化。

三、X 射线光电子能谱（XPS）表征

为了进一步确定所合成的沫铜负载铜纳米棒列阵电极中组成元素的价态，本研究进行了 XPS 测试，测定结果列于图 6-4。对于 Cu 2p，932.5eV 和 952.4eV 处的两个拟合峰分别归属于 Cu^0 或/和 Cu^+ 的 $2p_{3/2}$ 和 $2p_{1/2}$。由于 Cu^0 的结合能与 Cu^+ 的结合能接近，在 Cu 2p 光谱中无法区分 Cu^0 和 Cu^+。另外两个弱峰位于 934.6eV 和 954.4eV 处，相应的卫星峰位于 944.2eV 和 960.7eV 处，上述数据证明了 Cu^{2+} 的存在。因为 XPS 可以被看作是一种表面表征技术，而 XRD 可以被看作是一种体相表征技术，所以 XPS 可以检测到在 Cu 纳米颗粒外层形成的微量 Cu^{2+}，而不是 XRD 检测到的。根据之前的报道，在 Cu 纳米颗粒表面形成的 Cu_2O 或 CuO 等铜氧化物对 Cu 纳米颗粒的电催化性能是有利的而不是有害的。O 在 1s 分峰拟合得到三个峰，晶格氧 O^{2-} 位于 530.2eV，氢氧根位于 531.2eV，吸附水氧位于 533.5eV。

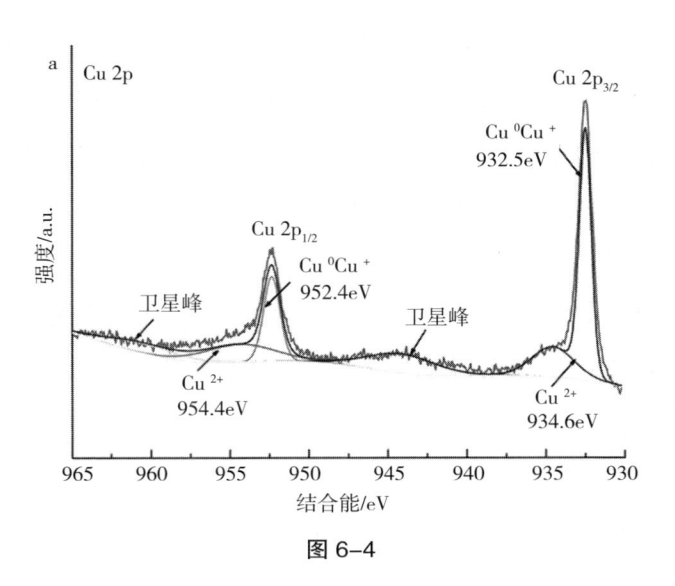

图 6-4

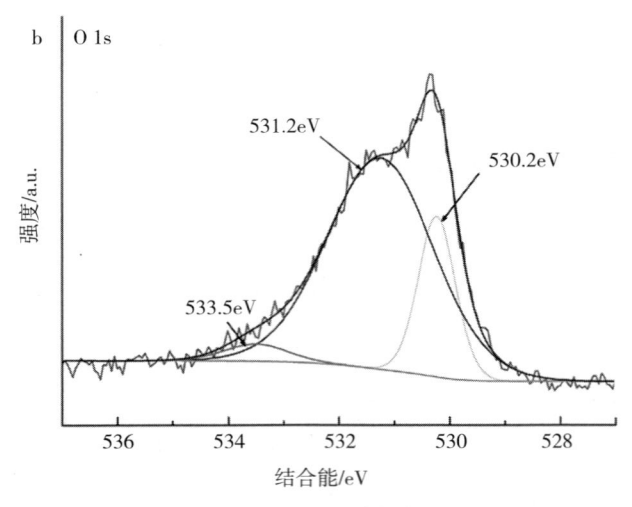

图 6-4　Cu NRAs/CF 电极的 XPS 谱图

第三节　电化学性能测试

一、循环伏安测试

图 6-5 给出了泡沫铜负载铜纳米棒列阵电极、泡沫铜负载铜纳米粒子电极和泡沫铜基底在 1.0mol/L KOH 和 0.1mol/L N_2H_4 溶液中的循环伏安曲线。由图可以清楚地看到，在泡沫铜负载铜纳米棒列阵电极、泡沫铜负载铜纳米粒子电极和泡沫铜基底上，在 -0.6V 电位下，肼的氧化电流密度依次为 178.8mA/cm²、28.03mA/cm² 和 5.73mA/cm²。而且，在三个样品中，泡沫铜负载铜纳米棒列阵电极展示出最低的肼起始氧化电位（-1.03V），说明泡沫铜负载铜纳米棒列阵电极具有最优良的催化性能。泡沫铜负载铜纳米棒列阵电极优异的电催化能力很大程度上取决于其独特的纳米棒列阵结构，可以加速传质，有利于电极的充分润湿，从而降低界面电阻。此外，这种结构有利于气体产物的逸出，从而进一步提高了目标产物的电催化能力。

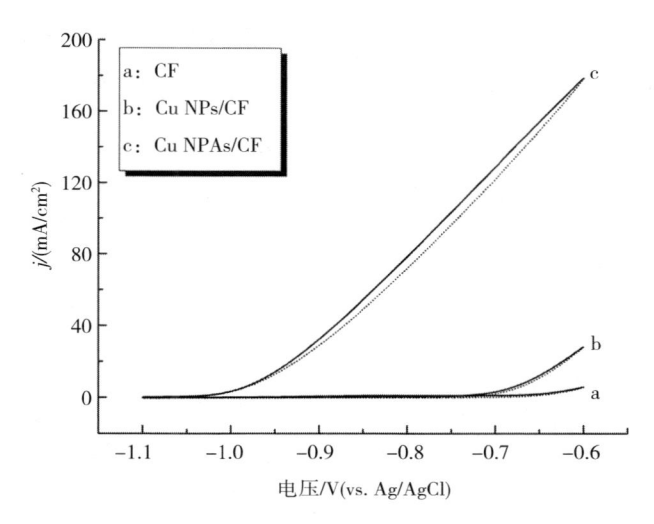

图 6-5　CF、Cu NPs/CF 和 Cu NRAs/CF 电极在 1.0mol/L KOH + 0.1mol/L N_2H_4 中循环伏安曲线（扫速为 10mV/s）

二、恒电位测试

电极稳定性被认为是电极特性的重要指标。本研究对 Cu NRAs/CF 电极进行了不同电位下的计时电流测试，测试结果列于图 6-6。由图可看出，在两个不同电位下，电流密度的数值都随着阳极氧化电位的增加而增加。此外，电流密度在初始阶段急剧下降。造成这种现象的原因可能是在测试过程中，Cu NRAs/CF 电极表面附近的肼浓度迅速下降。电流密度值在随后的测试时间内略有衰减。4000s 后，在 -0.9V 和 -0.8V 时，电流密度数值分别为 21.6mA/cm² 和 49.5mA/cm²。

三、电化学活性表面积的测定

电催化剂的电化学活性表面积（ECSA）是决定其电催化性能的一个重要指标。催化剂的电化学活性表面积数值可通过双电层电容数值进行评价。图 6-7 展示了泡沫铜负载铜纳米棒列阵电极、泡沫铜负载铜纳米粒子电极和泡沫铜基底在非法拉第区域（-0.85~-0.75V）不同扫描速度下的循环伏安曲线。根据式 5-1，将 -0.8V 下的平均电流密度对扫描速度作图，如图 6-8 所示。对于泡沫铜负载铜纳米棒列阵电极、泡沫铜负载铜纳米粒子电极和泡沫铜基底三个样品，平均电流密度与扫描速度呈线性关系，直线的斜率为双电层电容值。与泡沫铜负载铜纳米粒子电极（6.6mF/cm^2）和泡沫铜基底（1.7mF/cm^2）相比，泡沫铜负载铜纳米棒列阵电极具有更大的双电层电容值（24.6mF/cm^2），说明泡沫铜负载铜纳米棒列阵电极具有比泡沫铜负载铜纳米粒子电极和泡沫铜基底更大的ECSA。这一结果表明，铜纳米棒阵列结构具有的较大的ECSA可能是其提高肼氧化电催化性能的主要原因。

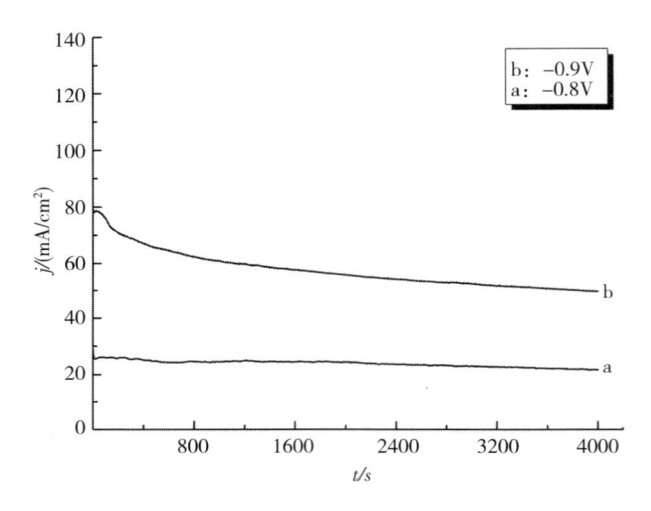

图6-6 Cu NRAs/CF电极在1.0mol/L KOH + 0.1mol/L N$_2$H$_4$溶液中不同电位下的计时电流曲线

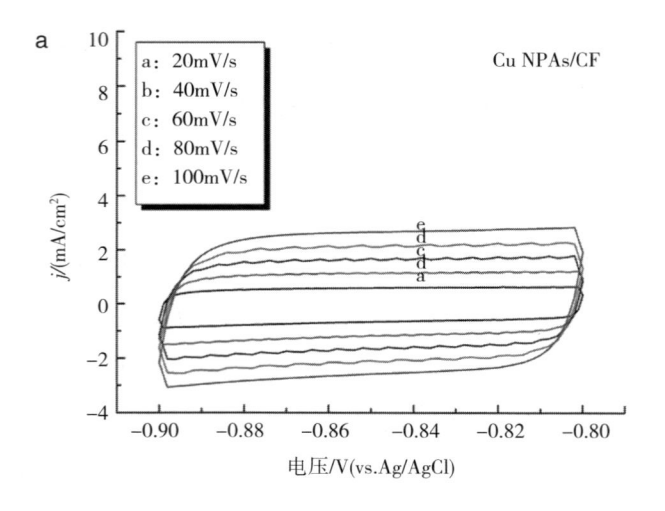

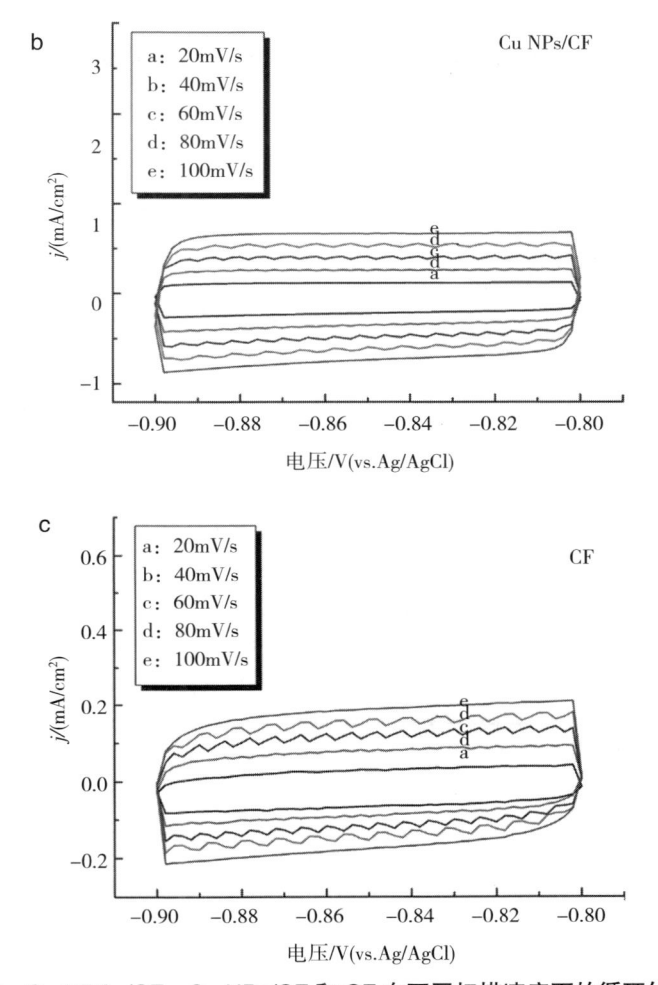

图 6-7　Cu NRAs/CF、Cu NPs/CF 和 CF 在不同扫描速度下的循环伏安曲线

四、肼浓度的影响

图 6-9 是泡沫铜负载铜纳米棒列阵电极在 1.0mol/L KOH + $x$mol/L N_2H_4（x=0.01、0.02、0.03、0.04）溶液中的循环伏安曲线，扫描速度为 10mV/s。从图中可以看出，随着肼浓度的增加，阳极肼氧化峰电压逐渐正移，阳极肼氧化峰电流密度逐渐增大，证明肼在泡沫铜负载铜纳米棒列阵电极上的电氧化反应受传质控制。

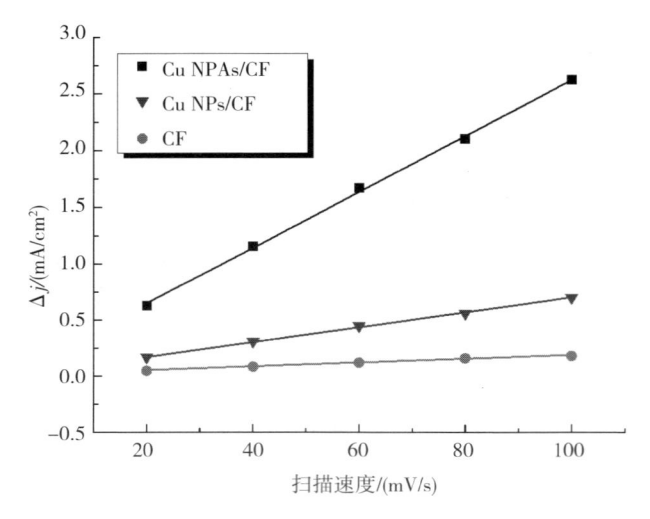

图 6-8　在 –0.85 V 下的平均电流密度与扫描速率的关系曲线

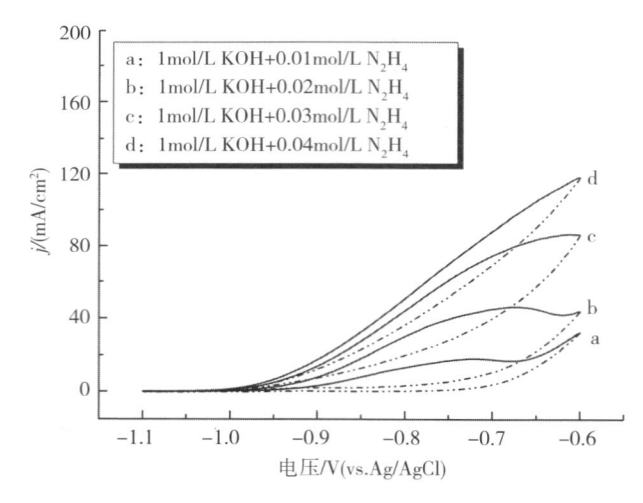

图 6-9　Cu NRAs/CF 电极在 1.0mol/L KOH+xmol/L N_2H_4（x=0.01，0.02，0.03，0.04）溶液中的循环伏安曲线

图 6-10 给出了 –0.9V 下肼氧化电流密度的对数与肼浓度的对数的关系曲线。从图中可以看出，肼氧化电流密度的对数与肼浓度的对数之间存在线性关系，该直线的斜率为 1.3。根据式 3-2，肼在泡沫铜负载铜纳米棒列阵电极上电氧化反应级数为 1，表明肼在泡沫铜负载铜纳米棒列阵电极上的电氧化反应相对于肼符

合一级动力学。

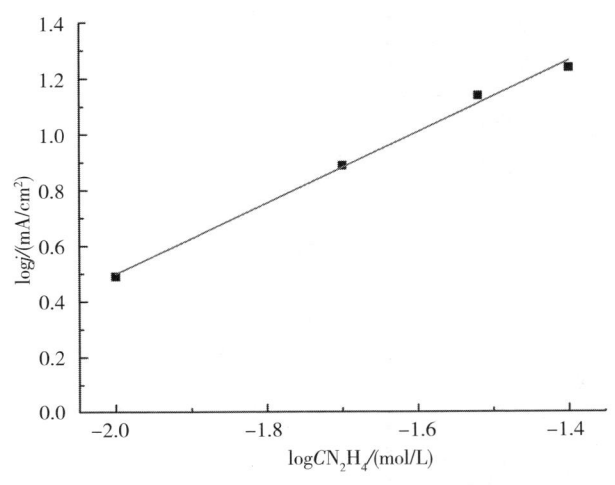

图 6-10　电流密度对数与肼浓度对数的关系图

五、温度的影响

温度是影响肼氧化反应速率的重要因素之一。图 6-11 是泡沫铜负载铜纳米棒列阵电极、泡沫铜负载铜纳米粒子电极和泡沫铜基底在 1.0mol/L KOH + 0.1mol/L N_2H_4 溶液中不同温度下的 CV 曲线。当温度升高时，泡沫铜负载铜纳米棒列阵电极、泡沫铜负载铜纳米粒子电极和泡沫铜基底催化肼氧化的起始电位均呈现持续负移的趋势，相同电位下的电流密度均呈现逐渐增大的趋势，说明高温有助于加快肼氧化反应的进行。

活化能（E_a）常用来衡量电催化剂的电催化性能。可通过阿累尼乌斯公式（3-3）求算肼氧化反应表观活化能 E_a。图 6-12 展示了泡沫铜负载铜纳米棒列阵电极、泡沫铜负载铜纳米粒子电极和泡沫铜基底在 –0.7V 电位下电流密度对数值对温度倒数的关系曲线。泡沫铜负载铜纳米棒列阵电极、泡沫铜负载铜纳米粒子电极和泡沫铜基底在 –0.7V 时的 E_a 分别为 13.7kJ/mol，49.7kJ/mol 和 63.2kJ/mol（表 6-1）。这一结果表明，肼在泡沫铜负载铜纳米棒列阵电极上的氧化反应动力学比在泡沫铜负载铜纳米粒子电极和泡沫铜基底上更快。

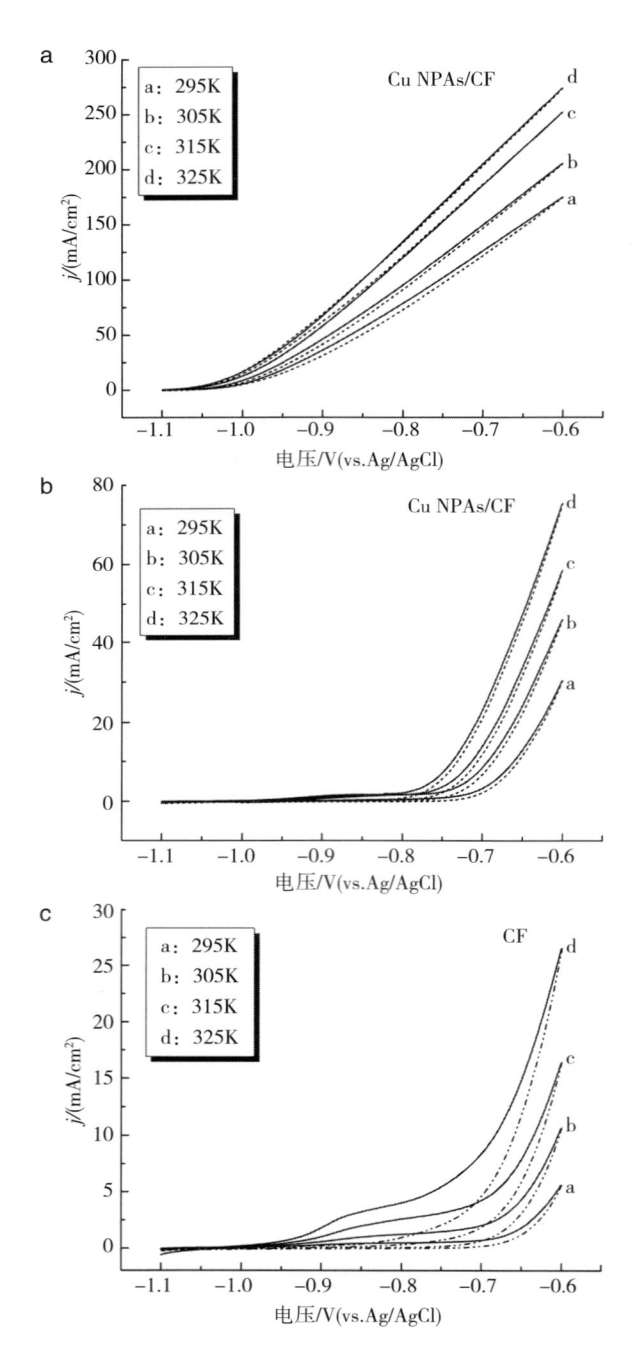

图 6-11 Cu NRAs/CF、Cu NPs/CF 和 CF 在不同反应温度下的循环伏安曲线

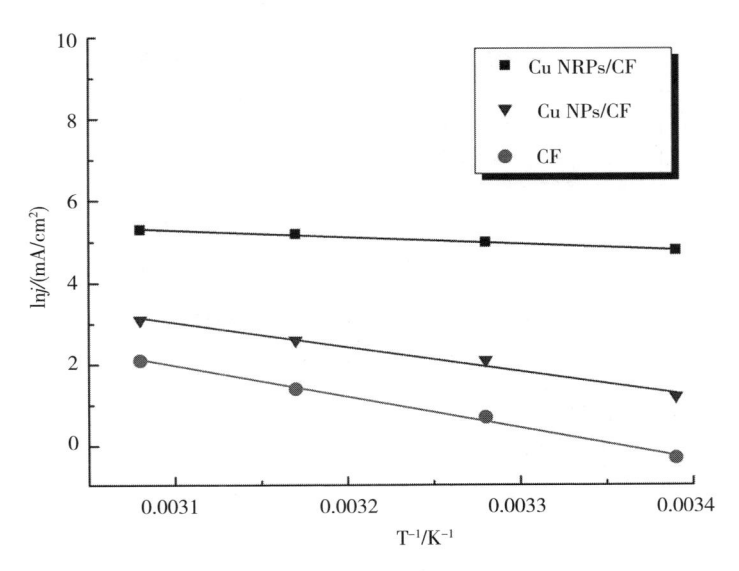

图 6-12　三种样品催化肼电氧化的阿累尼乌斯关系图

表 6-1　-0.7V 电位下三种样品催化肼电氧化反应的表观活化能

催化剂	活化能（kJ/mol）
泡沫铜负载铜纳米棒列阵电极	13.4
泡沫铜负载铜纳米粒子电极	49.7
泡沫铜基底	63.2

六、阻抗测试

图 6-13 为泡沫铜负载铜纳米棒列阵电极、泡沫铜负载铜纳米粒子电极和泡沫铜基底在 -0.7V 电位下，在 1mol/L KOH+0.1mol/L N_2H_4 中的电化学阻抗曲线。电化学阻抗曲线由高频范围内的半圆组成。半圆的直径等于肼氧化反应的电荷转移电阻。显然，在三个样品中，泡沫铜负载铜纳米棒列阵电极展示出最小的电荷转移电阻，表明纳米棒阵列构型的形成有利于促进电子转移速率。低频范围内直线的消失主要是由于气体产物从电极表面释放到电解液中，剧烈搅动电解液，消除了浓差极化的影响。

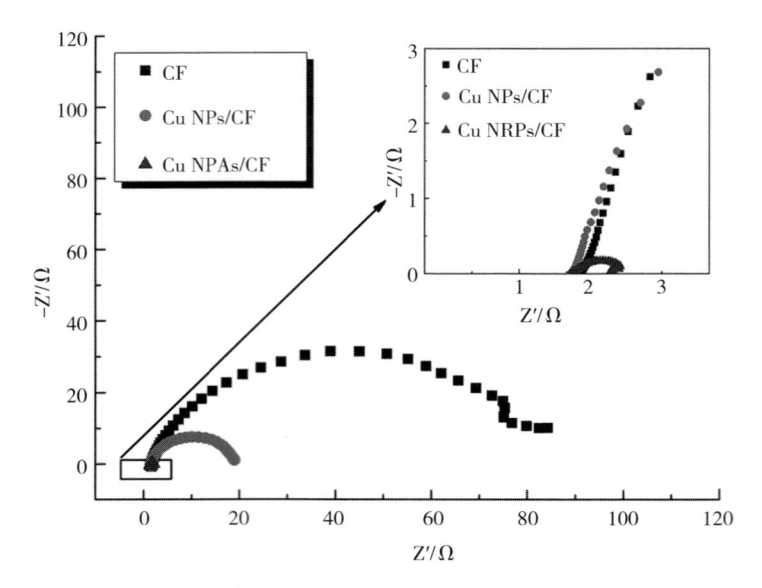

图 6-13　三个样品在 -0.7 V 电位下的电化学阻抗曲线

本章小结

本章采用阳极氧化法和化学还原法在泡沫铜基底上成功制备出铜纳米棒列阵，并利用 X-射线衍射、扫描电镜、透射电镜、X 射线光电子能谱等表征手段对制备的泡沫铜负载铜纳米棒列阵电极的形貌和物相组成进行了表征，同时进行了泡沫铜负载铜纳米棒列阵电极对肼电氧化催化性能测试。

电化学测试结果表明，在三个样品中，泡沫铜负载铜纳米棒列阵电极展示出最优异的电催化活性和稳定性，最低的电荷转移电阻和最低的表观活化能。催化性能的提升可能得益于泡沫铜负载铜纳米棒列阵电极具有独特的纳米棒列阵结构，使得电极具有良好的传质特性，有助于提高电解质-电极界面反应速率。更重要的是，该结构可以促进气态产物的快速释放，并防止其占据活性位点。此外，泡沫铜负载铜纳米棒列阵电极催化肼氧化反应相对于肼是一级反应。泡沫铜负载铜纳米棒列阵电极由于其优异的性能、低廉的成本和简单的制备工艺，有望成为直接肼燃料电池中极具应用前景的阳极催化剂。

参考文献

[1] ZHAO F L, NIE S Y, WU L, et al. Ultrathin PtAgBiTe nanosheets for direct hydrazine hydrate fuel cell devices[J]. Advanced Materials, 2023, 40(35): 2303672.

[2] GUO R H, GAO L L, MA M M, et al. In situ grown Co_9S_8 nanocrystals in sulfur-doped carbon matrix for electrocatalytic oxidation of hydrazine[J]. Electrochimica Acta, 2022, 403: 139567.

[3] MISHRA V, PRAVEEN A E, MONDAL A, et al. Co_3O_4/CoS_2 heterostructure: synergistic interfacial coupling induced superior electrochemical performance for hydrazine oxidation reaction[J]. ACS Applied Energy Materials, 2023, 6(7): 3977-3985.

[4] JIANG H S, WANG Z N, KANNAN P, et al. Grain boundaries of $Co(OH)_2$–Ni–Cu nanosheets on the cotton fabric substrate for stable and efficient[J]. International Journal of Hydrogen Energy, 2019, 44(45): 24591-24603.

[5] GUO R H, ZHANG Y J, ZHANG X T, et al. Enhanced catalytic oxidation of hydrazine of CoO/Co_3O_4 heterojunction on N carbon[J]. Electrochimica Acta, 2023, 458: 142537.

[6] SAKAMOTO T, MATSUMURA D, ASAZAWA K, et al. Operando XAFS study of carbon supported Ni, NiZn, and Co catalysts for hydrazine electrooxidation for use in anion exchange membrane fuel cells[J]. Electrochimica Acta, 2015, 163: 116-122.

[7] JEON T Y, WATANABE M, MIYATAKE K. Carbon segregation-induced highly metallic Ni nanoparticles for electrocatalytic oxidation of hydrazine in alkaline media[J]. ACS Applied Materials & Interfaces, 2014, 6(21): 18445-18449.

[8] FENG G, KUANG Y, LI Y J, et al. Three-dimensional porous superaerophobic nickel nanoflower electrodes for high-performance hydrazine oxidation[J]. Nano

Research, 2015, 8(10): 3365-3371.

[9] ASAZAWA K, YAMADA K, TANAKA H, et al. Electrochemical oxidation of hydrazine and its derivatives on the surface of metal electrodes in alkaline media[J]. Journal of Power Sources, 2009,1 91(2): 362-365.

[10] WANG H, DONG Q, LEI L, et al. Co nanoparticle-encapsulated nitrogen-doped carbon nanotubes as an efficient and robust catalyst for electro-oxidation of hydrazine[J]. Nanomaterials, 2021, 11(11): 2857.

[11] ZHANG J, WANG Y X, YANG C J, et al. Elucidating the electro-catalytic oxidation of hydrazine over carbon nanotube-based transition metal single atom catalysts[J]. Nano Research, 2021, 14(12): 4650-4657.

[12] WANG H, DING J T, KANNAN P, et al. Cobalt nanoparticles intercalated nitrogen-doped mesoporous carbon nanosheet network as potential catalyst for electro-oxidation of hydrazine[J]. International Journal of Hydrogen Energy, 2020, 45(38): 19344-19356.

[13] YAN X D, LIU Y, SCHEEL K, et al. Hierarchical nano-on-micro copper with enhanced catalytic activity towards electro-oxidation of hydrazine[J]. Frontiers of Materials Science, 2018, 12(1):45-52.

[14] JIA F L, ZHAO J H, YU X X. Nanoporous Cu film/Cu plate with superior catalytic performance toward electro-oxidation of hydrazine[J]. Journal of Power Sources, 2013, 222: 135-139.

[15] HUANG J F, ZHAO S A, CHEN W, et al. Three-dimensionally grown thorn-like Cu nanowire arrays by fully electrochemical nanoengineering for highly enhanced hydrazine oxidation[J]. Nanoscale, 2016, 8(11): 5810-5814.

[16] LU Z Y, SUN M, XU T H, et al. Superaerophobic electrodes for direct hydrazine fuel cells[J]. Advanced Materials, 2015, 27(14): 2361-2366.

[17] LIU C B, ZHANG H, TANG Y H, et al. Controllable growth of graphene/Cu

composite and its nanoarchitecture-dependent electrocatalytic activity to hydrazine oxidation[J]. Journal of Materials Chemistry A, 2014, 2(13): 4580-4587.

[18] GAO H C, WANG Y X, XIAO F, et al. Growth of copper nanocubes on graphene paper as free-standing electrodes for direct hydrazine fuel cells[J]. Journal of Physical Chemistry C, 2012, 116(14):7 719-7725.

[19] HUSSAIN S, AKBAR K, VIKRAMAN D, et al. Cu/MoS_2/ITO based hybrid structure for catalysis of hydrazine oxidation[J]. RSC Advances, 2015, 5(20): 15374-15378.

[20] ZHANG T, ASEFA T. Copper nanoparticles/polyaniline-derived mesoporous carbon electrocatalysts for hydrazine oxidation[J]. Frontiers of Chemical and Engineering, 2018, 12(3): 329-338.

[21] GAWANDE M B, GOSWAMI A, FELPIN F X, et al. Cu and Cu-based nanoparticles: synthesis and applications in review catalysis[J]. Chemical Reviews, 2016, 116(6): 3722-3811.

[22] GUPTA N K, KIM S, BAE J, et al. Chemisorption of hydrogen sulfide over copper-based metal‐organic frameworks: methanol and UV-assisted regeneration[J]. RSC Advances, 2021, 11: 4890-4900.

[23] QIN X L, XU H L, ZHU K, et al. Noble-metal-free copper nanoparticles/reduced graphene oxide composite: a new and highly efficient catalyst for transformation of 4-Nitrophenol[J]. Catalysis Letters, 2017, 147(6): 1315-1321.

[24] SAIKOVA S, VOROBYEV S, LIKHATSKI M, et al. Cu L_3MM Auger and X-ray absorption spectroscopic studies of Cu nanoparticles produced in aqueous solutions: the effect of sample preparation techniques[J]. Applied Surface Science, 2012,2 58(20): 8214-8221.

[25] DONG Q, LI Y, JI S, et al. Directional manipulation of electron transfer in copper/nitrogen doped carbon by schottky barrier for efficient anodic hydrazine oxidation and cathodic oxygen reduction[J]. Journal of Colloid and Interface Science, 2023, 652: 57–68.

[26] CHEN L X, JIANG L Y, WANG A J, et al. Simple synthesis of bimetallic AuPd dendritic alloyed nanocrystals with enhanced electrocatalytic performance for hydrazine oxidation reaction[J]. Electrochimica Acta, 2016, 190: 872–878.

[27] KAYA S, OZOK-ARICI O, KIVRAK A, et al. Benzotiyofen@Pd as an efficient and stable catalyst for the electrocatalytic oxidation of hydrazine[J]. Fuel, 2022, 328: 125355.

[28] ZHANG M R, ZHU J P, LIU B, et al. Ultrafine Co_6W_6C as an efficient anode catalyst for direct hydrazine fuel cells[J]. Chemical Communications, 2021, 57(80): 10415–10418.

[29] CAO D X, SUN L M, WANG G L, et al. Kinetics of hydrogen peroxide electroreduction on Pd nanoparticles in acidic medium[J]. Journal of Electroanalytical Chemistry, 2008, 621(1): 31–37.

[30] WANG Y H, LIU X Y, TAN T, et al. A phosphatized pseudo-core-shell Fe@Cu–P/C electrocatalyst for efficient hydrazine oxidation reaction[J]. Journal of Alloys and Compounds, 2019, 787: 104–111.